城市滨水景观规划设计

李杰 著

中国水利水电出版社
www.waterpub.com.cn
·北京·

内 容 提 要

进入21世纪以来，开发滨水地区正成为我国城市建设中的一个热点，在治理城市中的河道和湖泊时，景观设计及生态化改造开始提到议事日程上来。《城市滨水景观规划设计》是一本关于现代城市滨水景观建设的理论著作，全书对现代滨水景观的研究范围、设计要素、美学意境、生态理念、海绵城市等理论等进行了详细论述，并以图文并茂的形式精选了国内外成功的滨水景观设计案例加以分析，具有较强的现实指导意义。

图书在版编目（CIP）数据

城市滨水景观规划设计 / 李杰著. -- 北京 : 中国水利水电出版社, 2018.5
ISBN 978-7-5170-6568-5

Ⅰ. ①城… Ⅱ. ①李… Ⅲ. ①城市－理水(园林)－景观设计 Ⅳ. ①TU986.4

中国版本图书馆CIP数据核字(2018)第140557号

书　　名	城市滨水景观规划设计 CHENGSHI BINSHUI JINGGUAN GUIHUA SHEJI
作　　者	李　杰　著
出版发行	中国水利水电出版社 (北京市海淀区玉渊潭南路1号D座 100038) 网址:www.waterpub.com.cn E-mail:sales@waterpub.com.cn 电话:(010)68367658(营销中心)
经　　售	北京科水图书销售中心(零售) 电话:(010)88383994、63202643、68545874 全国各地新华书店和相关出版物销售网点
排　　版	北京亚吉飞数码科技有限公司
印　　刷	三河市龙大印装有限公司
规　　格	170mm×240mm　16开本　15.5印张　201千字
版　　次	2018年7月第1版　2018年7月第1次印刷
印　　数	0001—2000册
定　　价	77.00元

前　言

人类的文明依水而生，与水相依相伴。古代早期，城市择址都选择依傍江河湖海之地。每一个民族都乐于把养育城邦与文明的河流比作母亲河，如黄河之于中华文明、恒河之于古印度、阿姆河与锡尔河之于那些矫健的草原民族。河道、河网是先于国家机器的最早期的文明孵化器。正如罗素在《权力论》中所说，河流提供了早期文明发展必需的生存养育之本，更提供了文明延续所必需的民族的机耐性。对母亲河的治理决定了一个文明的先进性。水给予万物，水承载万物，人与水既有天性亲密的一面，又有抗拒的一面，更有一段贯穿于整个中西文化史的有关洪荒岁月、艰难治水的共同记忆。

进入 21 世纪以来，开发滨水地区正成为我国城市建设中的一个热点，在治理城市中的河道和湖泊时，景观设计及生态化改造开始提到议事日程上来。更重要的是，各地方政府已经认识到，开发滨水地区能为城市发展提供契机，更为提升或重塑城市形象创造条件。各城市的滨河风光带已逐渐成为当地城市的名片，成为城市居民最集中的休闲娱乐健身空间。

滨水空间环境作为城市公共开放空间和城市生态平衡的重要组成部分，滨水景观的规划与设计不仅要满足城市防洪安全，而且要从城市生态学的角度出发，考虑滨水空间对于水循环、水净化和微气候调整方面的作用。利用自然河流、湖泊和海洋的流动性、季节性水涨水落的变化、丰富的动植物景观资源和地域人文景观，创造多样性的亲水活动空间，满足公众观赏、休闲娱乐、运动、聚会等各种活动要求，享受亲水、观水、戏水、听水的美妙体验。

然而,人们追求滨水景观带来的乐趣的同时,城市洪水每年袭击着河道两岸,使人们的财产造成损失,给人们的生活带来不便,甚至还威胁着人们的生命安全。因此,在规划滨水城市建设的过程中,必须有科学、合理、切实可行的方案,需要在严谨论证的基础上进行。

在本书中,笔者对现代滨水景观的研究范围、设计要素、美学意境、生态理念、海绵城市等理论等进行了详细论述,并以图文并茂的形式精选了国内外成功的滨水景观设计案例加以分析。

本书在撰写过程中得到了许多专家学者的帮助和支持,在此对他们表示感谢。书中引用的图例和观点未能一一注明出处的,敬请谅解。

由于笔者水平有限,书中难免存在不足之处,恳请各位同行专家批评指正,多提宝贵意见,以便本人在日后修改完善。

作　者

2018 年 1 月

目　录

绪　论

一、城市滨水景观研究的源起

（一）人类文明与水的渊源

水是文明之源，生存之本。人类的文明依水而生，与水相依相伴。

自然水体的存在形式是多种自然力共同作用的结果：其中包括降水量、地表径流，土壤的运动、沉积、沉淀、澄清，水流、波浪以及各种生物的作用等。通过这些自然力作用而存在的水体，承载它们的则是河流这个基本容器。[①] 河流作为一种动态的环境构成要素，对周围的地表环境有侵蚀、搬运、沉积作用。河流作为自然水体的代言者，对整个生态圈有着不容忽视的影响，它的生态功能逐渐被人们所了解并加以利用。河流的生态功能可归纳为生物栖居地、通道功能、水质净化以及对有害物质的阻挡。

生物栖居地是指植物和动物（包括人类）能够正常地生活、生长、觅食、繁殖以及进行生命循环周期中其他的重要组成部分的区域。内部栖息地和边缘栖息地是两个基本类型。从理论上说，内部栖息地在较长的时间内相对稳定。边缘栖息地则处于不同系统相互作用的地带，具有多变性。但是，不管是内部栖息地还

---

① 通常的说法，认为河流是一个完整的连续体，上下游、左右岸构成一个完整的体系，连通性是评判河道空间连续性的依据。高度连通性的河流对物质和能量的循环流动以及动物和植物的运动等非常重要。而河流宽度指横跨河流及其邻近的植被覆盖地带的横向距离。因此，连通性和宽度构成了河流生态系统的重要结构特征。

是边缘栖息地，都是维持生物多样性的地区。同时，生物栖居地价值的提高还与河道的连通性和宽度成正比，连通性的提高，宽度的增加，通常会提高生物栖居地的价值。

通道功能是指河道系统可以作为能量、物质和生物流动的通路。河道既是栖息地又是通道。河流既是植物分布和植物在新的地区扎根生长的重要通道，也是物质输送的通道。例如，洪水时植物被连根拔起，通过水流被重新移位，在新的地区扎根下来。以新换旧，不断更新。净化和阻挡功能是保持水质的途径之一。河道作为过滤器和屏障可以减少水体污染，最大限度地减少沉积物转移，提供一个与土地利用、植物群落以及一些运动很少的野生动物之间的自然边界。物质的转移、过滤或者消失取决于河道的宽度和连通性。在整个流域内向着大型河流峡谷流动的物质可能会被河道中途截获或是被选择性滤过。地下水和地表水的流动可以被植物的地下部分以及地上部分滤过。

河流的作用与功能，促使人类从游牧阶段走向定居，从事农业生产，继而创造河岸文明，河流用其生命之水哺育了人类，以及农业和其他一切经济活动的兴起与发展。实践证明，河流是人类繁衍生息的发源地，孕育了丰富的历史和文化，滋润着人类文明的不断成长。对于河流人们无限感激，从古至今，无数文人志士咏河赞河，江水滔滔、急流瀑布，令人振奋。在我国，几乎每个城市都会有河流的踪迹，不管是人工河还是自然河流。在人们的心里，河流就是城市的根基、生命的血脉。可见，城市河流与人类有着密切的关系。人们享受河流带来的便利的同时，也在不断地改造着城市河流，如加固堤岸、修筑水坝，以满足人们对于供水、防洪、航运等多种要求。然而，改造是两方面的，一方面它给人们带来了巨大的效益；另一方面极大地改变了城市河流的结构和功能，造成一些生态环境问题。为了人与河流的和谐发展，为了河流能够更好地服务于人类，城市河流景观理念应运而生，这种现代生活所追求的新的景观设计已经证明，经过精心设计的河流景观，不仅可大大改善城市面貌，也可带来生态、环境、经济等效益。

河流景观的概念，简单描述是以河流为主体，对周边自然要素和人工要素进行改造和重新构建，形成开敞或半开敞的空间环境，起到美化城市、供人游憩的作用。这个概念仅仅强调了视觉上的感受，然而，随着景观概念的不断升华，它包含了多方面的内容。首先，地理学中把景观定义为“某个地球区域内的总体特征”，即一种地表景象，或综合自然地理区，或是一种类型单位的通称，如城市景观、河流景观等。其次，生态学则把景观定义为人类生活环境中的“空间的总体和视觉所触及的一切整体”，把陆圈(geosphere)、生物圈(biosphere)和理性圈(noosphere)都看作是这个整体的有机组成部分。可见对于景观的理解已经远远超过了视觉美学意义。河流作为构成环境景观的重要元素，它曼妙的曲线，贯穿于城市之中，使空间环境富于变化。因此，河流景观的理解不能仅停留在“风景如画”上，还应该从更深、更广的层面去把握，扩大外延。特别是从景观生态的角度去分析，其中的关键是要重视河流景观巨大的生态功能和娱乐价值。人类对水边丰茂的植被，水中的动物、鱼类、贝类等有好奇心及亲切感。因为亲水性是人的本能。

通过对概念的理解，我们可以把河流景观分为自然生成的景观和人工构筑的景观。前者是指原始的水域及周边的景观，它包括水域、过渡域和周边路域。所谓水域景观是指水域的平面尺度、水深、流速、水质、水生态系统、地域气候、风力、水面的人类活动等要素；过渡域的景观是指岸边水位变动范围内的景观，如平原湖泊湿地的形成、大片的苇草以及山区河流两岸、湖泊的周围大多是因为水位剧烈变动造成的裸露坡地；河流周边的陆域景观，由地理景观所确定，如长江、黄河源头、长江三峡绝壁。但是，河流景观的构成不仅仅是河流本身的景物，人为景观也丰富了河流的空间，人们常看到的小桥、流水、人家，都是自然与人工的结合。

河流景观的建设是社会进步的体现，它使河流两岸的风景有机生长，并展现城市创新、自立、开拓、和谐的现代风貌，也为生活在大都市的忙碌的人们提供精神或物质享受。

（二）城市化背景下面临的水生态问题与挑战

1. 河流景观与水和安全的协调与兼顾

（1）简单粗暴的河道治理模式。

误区解析：安全不等于全面渠化，修堤筑坝；直线河道不等于有效率的河道。

城市河道在功能上往往兼具排洪、排涝等作用，传统水利部门控制洪水的工程手段主要是对自然的城市河道进行裁弯取直，加深河槽。通常采用混凝土浆砌驳岸，加之上下游之间层层的堰坝水闸，将一条条自然河流层层捆绑。封闭硬化的堤岸改变了河道的自然流程，停止了自然河道的沉积和切削的水动力过程，浆砌缺乏渗透性的驳岸隔断了护堤土体与其上部空间的水汽交换和循环，窒息了河道的自然过程，剥夺了生物多样的家园：对于河岸生态系统的完整性和水系净化作用的发挥构成严重阻碍。同时由于河道的植物充氧、微生物降解等水体自净能力的丧失，也进一步加剧了河水的污染程度。

另外，用垂直陡峭的浆砌护岸将人与水分割开来，使城市滨水区域成为可望而不可即的“遥远”水面，这一做法严重影响了城市滨水休闲的生活空间和各种滨水交互功能的发挥。而在单一水、安全、价值取向之下，将自然形成的梯级河道系统简单粗暴地裁弯取直，并视之为“效率”，则无异于暴殄天物，无论是水生态效率，还是景观艺术和市民游憩使用，从各方面来看，这种“效率”都是短暂且无法持续的。由于削弱了天然河床的滞蓄能力，反而加速了洪水的流速，增大了瞬间洪水的峰值和对岸线的冲刷，迫使城市水岸进一步提高设防标准，从而进一步阻断了人与水的联系，最终使城市的人水关系完全对立。

造成这种单一价值取向的简单治理模式的原因如下：

第一，过分强调防洪功能、机械的功能部分和蓝线划定。

第二，单纯依赖工程技术，掠夺式地侵占(上部河床)。

后果：

第一，水岸美学功能丧失——附属水面枯竭，丰富的自然水系退化为无表情的工程水渠。

第二，生态功能丧失——滨水栖息地丧失，河道自净能力降低，季节性断流和超高峰值的洪水频发。

第三，城市服务功能丧失——成为失去灵性、没有活力的水岸与河流。

安全的滨水区域，其核心思想是充分发挥河岸与自然水体之间的交换调节功能，实现天然自净能力：创造有利于多种生物尤其是两栖类、鱼类生存的空间；保证上游河道对于季节性洪水的蓄滞能力，减缓下游城市的泄洪压力；用多层立体水岸设计代替单一岸线，增强对季节性水面变化的适应性，同时增加市民亲水的机遇，提供城市亲水休闲活动的多样性空间。

(2)城市河道管理与实施的论点。

1)过高的城市河道设防与过低的乡村甚至基本农田的水岸设防，二者形成外在难看的对比和规划伦理的错乱。在笔者受委托规划的华北某城市滨水岸线改造规划中，水利部门明确提出一河两岸拟采取两种不同标准的岸堤设计：在面向城市一侧要求采用百年一遇的堤防标准建设，而在河道的另一侧，面向农村和厂矿的广大地区，同样是人口众多的城郊区域，竟然建议采用低于5年一遇的堤防标准建设，而把本属于水利蓝线以内的蓄滞洪区域的高堤防一侧的堤外土地(仍属蓝线区域内)划作城市地产，并称之为“明确重点保护区域的水利安全，确保中心城市的百年大计”。这种情况在许多城市堤防改造和生态化建设中并不罕见。对河道蓄滞区和上层水岸的大面积土地肆意侵占，随意修改河流的中心线和流程，蓝线管理混乱，以牺牲乡村和农业用地，换取城市的水安全和所谓的“额外河岸用地利益”。这种借蓝绿线综合管理、上层堤岸的生态化改造为名，行侵占河道之实的做法，不仅是短视与无知，而且还会给城市河流的生态安全造成极大隐患。

这种舍卒保车的做法与有规划的人工引导洪水、就地蓄滞等生态河道改造措施在本质上是完全不同的。

2)单一价值取向的蓝线管理同样严重阻碍了城市滨水区域的科学发展。城市水岸长期以来由水利部门独家管理的传统,以及单一的水安全价值取向直接导致当前城市水岸发展中“千河一面”的尴尬状况。事实上,我国城市滨水区域规划中面临的最严重的问题并不完全在于水害,而更多体现为水岸面目可憎。数十年来,由水利部门主导的单一形式的浆砌大坝,严重阻碍了城市与水系的交流、人与水的亲近。实施蓝绿线综合管理统筹规划,实现城市滨水区域治理的多价值取向,让城市亲近水,这些理想的实现将理顺水利与城市建设各部门之间的关系,明确水利、规划、景观各部门的工作范围和程序,在水岸区域亲水活动、水利安全、城市美观等目标取向之间取得良好的平衡,这是从体制层面改变城市滨水单一面貌的必然步骤。

3)灵活处理大型滨水地区的上层驳岸,科学合理地确定城市河道的堤防标准和岸线宽径。在当前许多城市的滨水区域治理中,针对堤防岸线的标准设置往往脱离实际,许多县级城市在确定堤防高度和洪水蓄滞区域范围时,动辄以百年一遇甚至更高标准做规划依据,不仅加大了不必要的投资,也造成城市土地资源严重浪费。在蓝线划定与上部河岸的多样性利用方面,政策掌握又往往趋于僵化,这种现象在北方城市尤为严重。在许多大河治理中,片面强调河槽深度和宽度,将两岸堤顶扩大到数千米之多,而由于水量严重不足,河床在一年中90%以上的时间都是素面朝天、黄沙滚滚,严重影响环境质量。中国北方大河的治理难度和矛盾主要集中于调水和蓄水,即如何塑造一个多生境、蓄水能力更强的弹性海绵体,而非将宝贵的水资源一泻千里,即便是百年一遇的洪水对于北方干涸的大地而言,都不该以一句简单的水安全为由,将宝贵的资源一放了之。恰如我们曾经对密云水库所作出放水决定,几乎使北京陷入数十年无法恢复的缺水困境。事实上,通过上游的适度调蓄、定点蓄滞区域划定以及城市区域有步骤的生态湿地区域建设,中国北方地区完全可以摆脱任何形式的瞬时洪水的威胁。可喜的是,我们今日所大力倡导的海绵城市建设理论从对待城市空间水安全、水生态和水文化的综合高度,确立了源头控制、弹性利用等重要的可持续原则。

对于大规模河床,尤其是百年洪水位上下的上层岸线的土地规划应本着实事求是的原则,因地制宜地做好多功能、宽口径规划。比如规划建设多层次的立体水岸系统,将 20 年丰水线甚至 10 年丰水线以上的岸线解放出来,回归城市使用。只要我们坚持正确的开发原则,如严格控制构筑物比例,控制大乔木数量,控制深根系植物等要素,上层驳岸对于中国北方城市而言,是最佳的城市客厅和市民生活的天堂。而对于下部岸线,在 10 年一遇丰水线之下、5 年一遇丰水线之上部分,应该大力推广可淹没、低成本、少维护的灵活岸线设计,使之进入常态化。根据笔者以往的经验,即便是年峰值以上的岸线,每年也至少有 90%以上的时间可以开展各类城市亲水活动。

从水岸为人服务、城市为人服务的立场出发,我们需要重新审视新城镇化时代的人水关系,其核心环节是科学发展观和实事求是精神,最关键的一步必然是也必须是坚决打破以往以水安全为由,行行政垄断之实的、僵化错误的单一价值取向的蓝线管理模式。这也是当前海绵城市建设之初我们面临的最重要的课题。即如何建立一个跨城建、园林、水务多部门,涵盖投融资以及总体规划、设计、施工、运营维护的一体化的全流程城市海绵体建设维护机制。让海绵城市理论在技术层面引领、指导城市绿色基础设施建设。最终能够为新一轮内涵式中国城镇化发展保驾护航。这是一个远远超越了单纯技术考量的全新方向。

2. 滨水区开发的环境问题

有巨大潜力的滨水区场地通常是在城市最容易被忽视的部分。这些场地不仅肮脏,也由环境问题引来灾祸:不稳定的山体滑坡、被污染的土壤与水源、被荒弃的栖息地、被弄乱了的人工制品、沉积的污染物……这个单子还在增加着。然而，市民与开发商仍然重视这些滨水区，没有什么能与毗邻水边的经历相比。在城市开发与再开发的循环中，滨水区再次成为充满机会的环境。这一期间，随着对滨水区内在的环境问题的更深的理解以及对环保的敏感性问题的保证，在再发展滨水区的过程中，保护而不是破坏环境是可能的。

在社区增长的意识与教育的支持下，通过当地政府规划的实施；通过科技的进步；通过积极的修建，开发着的社区可以明确并有效地解决与滨水区相关的环境问题。这些进步已经检测了滨水区的自然与文化系统，完全地开放起作用的新的可能性，在提高它们的生态成就、文化意义以及经济价值的同时，重塑这些系统。

1)系统方法。

发展商、设计师、规划师以及市民倾向把滨水区视为分立的行动地点。从这一视野上看，滨水区有形地暂时地被限制着，并被界定为与一套特殊的使用形式相关。但从环境的角度看，滨水区是更大的错综复杂的生态系统的组成部分。

生态系统包含着数以百万计的实体——活着的生物、化学合成物、能量的形式与流动——被有机地联系在不同的标准上。由此可见，通过土一屿水体的连续交叠，滨水区的范围便限定出来了。它的规模变化着，超出场地包含了水体、海港、海湾与海岸。一定区域范围内，对于滨水区环境的担忧必须考虑到所有关于巨大生态系统的特殊发展选择的作用。场地形式与功能的变化会影响着下游、上游及海岸的生态系统，因此城市滨水区开发必须考察发展与地区水生态系统的关系，也必须在规划中遵从水生态系统的要求。因为生态系统极其复杂，环境问题是处理滨水区开发当中最困难的。应对这样复杂的系统需要系统的方法。通过对系统操作中原则的认知与理解，在我们自己的决策过程中仿效系统工作的方式是可行的，也就是为了多面性，在我们对规划系统的理解、处理与设计方面，要相互制约地、综合地进行考虑。

2)主要问题。

当提及关于滨水区开发的土地使用的决策时,最有意义的问题主要分成四类:洪水、自然资源、文化资源以及污染。这些分类不仅在理论上有意义,而且也是现行规章中的分类内容。

(1)洪水

洪水实际上是一个塑造滨水区的过程。它是一个永恒的且即时的问题。

洪水是在区域水循环范围内的一个自然现象,它是必然发生的事情,营养元素与谷物沉积通过它被转化进土壤中去。各种标准的自然洪水事件以某种临时性结合的方式能被预测。例如,雨季的高水位、年与百年一遇的洪水。这些循环被滨水区发展总量以及需要维持它的基础设施的增长所影响,它极大地增加了地表流量,导致了相伴随的谷穗。越多的水流进排水管道,渗透回地表系统的就越少;水流的速度、体积以及力量是很少能预测的且更具破坏性。

在滨水区,洪水把它的标记镌刻在建筑与自然系统上。因为洪水的冲刷能导致河堤的腐蚀。长时间接触水的地方诸如堤与护墙,洪水的作用在沉淀物的层里能被看到。美国联邦法规要求市政机构控制洪水区的范围。尽管法规在城市与乡村洪水区做了区别,但可居住的发展规划总是被限制在水边缘地区——也就是,百年一遇洪水的淹没主要在运输路线的外围地区。分洪河道的发展,过提升水位的方法,能减缓暴雨的影响。在漫滩内,堤岸开发必须始终坚持设施在高度与材料面要针对洪水敏感性的设计方针。

(2)自然资源

陆地与水体环境系统的相互作用给滨水区以独特性。滨水区是水文与地理系统的相互影响区域,陆地不管在哪里遇见水,都有各种各样的变化。

考虑到作为分界线的陆地与水的相互影响,有助于把它视为一个区域——本身是独特的实体,也是多样系统的一个过渡。两个生态系统的交叠作为一个交错群落的区域，这个区域的土壤条件、营养元素以及发生在水边的植物群落的范围在世界上都是最丰富的。普通的滨水区生态系统包括沼泽、泥滩、咸水与淡水的湿地以及海藻栖息地。

许多潜在的滨水区开发场地似乎仅仅是杂草丛生的块地或者是堆满垃圾的海岸线，在这些环境内很容易错过更为细微的更原始的生态系统。通常，甚至在最退化的地区，原生系统的残留物还存活着。残留湿地或海藻栖息地的小块土地或许逗留在难以到达的角落或者深区。更可能的是，这些原生系统已经找到了适应环境变化的方式。这些适应性的系统，联系着城市环境系统与原生系统之间的要素，系统既丰富且强健，是数量惊人的敏感物种的发源地，能够完成作为城市野生动植物与濒危物种的栖息地的重要角色。

当前的规则性框架要求绘制残留系统的地图——有时要表明保留或保护范围，但对适应性自然系统的潜在价值却给予极少的关注。一个保护主义者的方法要求物种与景色类型的保护，不考虑场地背景的现状与区域系统。因此，采用这样的方法时，当地物种与栖息地将被保护与支持，即使区域性的栖息地与野生动植物的数量被降低到场地不能独立地行使功能的程度。实际上，通常濒危物种的保护，不用咨询当地的或区域性的系统是否仍然能提供必需的支持，是否能鼓励实际的增长。

保护主义者的方法追求更为开放的目标。保持环境质量与资源，在出现的物种之间保持特殊的平衡，不考虑这些资源是否是有形的、生物性的、文化性的，然而，任何一个方法，规则性的建筑都重视自然系统的科技，它有着这种特征——或者，至少有“自然”的标记。

事实上，生态系统的功能或许与它的外部特征没有什么关系——有着“自然”的审美。自然的形象与行动并不一定紧密相连。自然系统与化学的、生物的、气候进程的范围并存着，这些进程通过当代工业科技可以复兴和规则化，产生反映人类设计与影响的生态系统，但仍保留着它们分类排列的自然功能。

后工业化场地为人们提供机会去重新思考传统的二分法，考虑珍稀物种或栖息地局限物种的保护，又要考虑适当且有效的措施完善自然系统创造。这样场地的关键是在自然系统中采纳非传统的审美学。使用当代科技与工业设计框架，创造繁荣的生态系统是可能的，使生态系统服务它们的地区，不用必须被回归到它们的原始形式。德国东北部鲁尔工业带上一城市杜伊斯堡市一家钢铁冶炼厂，规划师、设计师、科学家以及市民使得多重自然系统的再生成为可能。强调功能而不是形式，使用多种科技手段，追求不同的标准与目标，在杜伊斯堡市的重建满足了广大观众、全体选民的需求。

这里，重新开发后工业场地、复兴自然资源与自然系统的努力，已经采取了两个不同的步骤。许多场地系统工程适应了人类的使用——可视的以及娱乐性的。但另一个再生项目则强调系统本身，把每一个优势——科技的或是政策导向性的——给予系统健康而不是人类的使用。

相反，极具活性的水开发与植物保护工程重视不是来源于人类活动的系统。老爱慕斯特河流经此地，系统地被工业用地与城市扩展所削减，开辟水道、倾倒垃圾用作排水管道等，直到它被严重污染。这一河道被人们封闭并忘记，今天为净化环境设施，人们开始进行清理。在这一黑色水道的痕迹上，一只班船搜集着灰色的垃圾，把污水运送至固定的水槽，在水槽内进行净化然后释放。这一系统被一个建立在以前的面粉厂塔楼外的风塔楼所驱动着，清洁槽是以前的燃料舱、储水池以及鱼塘。结果形成了一个系统，其主要功能是恢复原有水系，同时也有教育意义，视觉上解释着地表水的收集与清洁的过程。

这一场地的大部分实际上都禁止人类使用。在这些“野生”的地区，过时的土地耕作技术正被用来挽救已经污染了的土壤，次要的城市生长引发的自然再生可以不受限制地发展。正在发生的浓密的、灌木的生长，以及再生的森林为本土的物种与迁徙的人口提供了宝贵的栖息地:无论如何,这块栖息地都是对原生的、前工业系统的再创造。实际上,它包括许多域外的、城市的物种。“野生”地区演示着适应系统支持本地动物群和生态功能的能力,尽管在古典的、“自然”的条件下似乎不是那样。

土壤耕作、野生物种的再生、水陆枢纽清洁的长期进程与人类的使用不协调一致,因为污染的危险仍然很高,本土的和迁徙的物种的栖息地太脆弱,不足以接受人类的介入。因此,在这些场地,自然系统被给予重视,人类的干涉通常被排除。杜伊斯堡(Duisburg-Nord)的公园强调了这种方式,自然系统的再生能使人类与生态利益都得到满意。

(3)文化资源

当人们首次开始在滨水区留有痕迹的时候,文化资源就开始存在了。它们体现了人类活动的再生以及对滨水区的影响。装填物、残留的建筑、地形等都带有人类场地使用的历史。

自从史前时代,滨水区已经吸引了人类的定居与活动。滨水区城市被建立在土地、水源和文化的独特集合处,它们承担着资源开采、贸易、运输、生存、增长与发展的机会。水、食物、盐以及其他矿物质、燃料、建筑材料、其他资源的运输以及市场的独特汇合,为许多定居的经济提供了原生动力。

早期人们的定居与滨水区紧密相关,因为他们的工业与活动都主要依赖于水。随着在滨水区的资源价值的增长,城镇也发展起来了,它们对滨水区的依赖也是如此。典型地,这一增长的依赖性导致了试图建立更加宽广的环境,而且也导致了场地特殊的地形的修正。港口被占满了;河流被开辟了航道;海湾变成了海港;小溪变成了下水道;森林被砍光用作燃料与建筑材料。滨水区城市的环境影响开始以有形的方式显现出来。

美国考古学与历史的滨水区博物馆,是一个历史文化资源分层非常好的感人至深的例子。通过多种视觉互动的形式,博物馆为参观者既提供了体验过去的有形残迹的机会,又为探索滨水区以及与之相连接的城市形态提供了机会。博物馆对城市的诞生地持观望态度，在圣劳伦斯河与小溪的汇合处。参观者能走入地下室，到城市曾经居住的层面看一看小溪是如何变成下水道的，城市是如何被建造以及被重建的，填充物是如何被建在填充物上的。

卡瑞斯菲尔德，旧金山海湾边上金门国家娱乐区的一部分，提供了一个案例：当代滨水区的重建不仅能揭示一个地区文化历史层的富足与复杂，而且也能在这些层之间形成一个概念性、功能性的关系。在卡瑞斯菲尔德，潮汐的沼泽的重建以及其他早期土著人的定居，他们的文化依赖于沼泽。这些地区的早期西班牙与墨西哥殖民化仍然体现在建筑、考古遗迹、普雷西迪奥军营的景色特征上。它是早期的军事基地，并作为卡瑞斯菲尔德开敞空间的背景保留下来。

在这一场地中心，一个 11.3hm² 的肾形草坪，复述着 1915 年巴拿马太平洋国际博览会庄严的颁奖跑道以及“一战”的空军基地，两者都曾设置在此。在这块场地的东段建造的沙丘形地形，以宜人的尺度将城市的声音和活动以及城市结构吸引至海湾的入口。在场地的西端，坐落在福特角基地上，泥土做的燃料舱，复述着军事机构的历史。这个国家公园最后的重要组成部分是通向场地、连接着所有组成部分的林荫路，创造了一个持久的人行道与自行车路线，沿着海湾通向城市。

为了重建原本被切断的成水沼泽的潮汐功能，必须移走大量的填充物、拆除混凝土的断墙。尽管成水沼泽在最初未被重建，但这 8hm² 的重建足够吸引已经 50 年看不到的卡瑞斯菲尔德的本土的野生动植物。野生动植物的出现是复述 土著居民文化景致的关键。因为卡瑞斯菲尔德丰富的自然资源，它是一个食物采集和加工场地，因此，除了修复自然系统与自然资源，成水沼泽的重建也讲述了当地土著文化与水之间的关系。

其余的部分被设计用来揭示和考察其他历史文化要素，包括第一架跨太平洋飞机着陆的草场，在那里人们取得了航空工程的技术进步。国家公园服务机构和公众的投资确保这座简易机场将既为历史性崇拜与解释提供了机会，又使得一个大的功能性聚会场地以及运动场的地区性需求得以满足。

最后，通过复述在土木工程上的沙丘与燃料舱的结构设计强调了与滨水区进程和目的相关联的自然与文化的场地特点的形式。这些形式为教育和小集团的活动提供了保护空间，也在城市边缘与公园娱乐之间创造了一个缓冲地带。林荫路灵活地布置并跨过所有地区——处理内部场地、脆弱的水边以及沙丘重建——考虑到场地的当代鉴赏与使用。

卡瑞斯菲尔德的例子强调了几个关于文化资源的重要问题。首先，卡瑞斯菲尔德努力在特殊要素的保护方面（诸如历史登记簿上列出的建筑）与更广的概念的保持（诸如人文景观）之间取得平衡。卡瑞斯菲尔德的设计不是基于盲目地坚持规则性的需求，它要求特殊建筑要素的保护或者个体性时刻的再创造。相反，它努力唤醒场地的文化使用与历史性的时刻。不是把这一场地及时地带回到个别时刻，这一设计与多重时代相并存，甚至通过规划与交叉性的功能，试图把这些地区带进当代对话中。

（4）污染

作为与工业发展相关联的文化趋势的结果，滨水区所有者对土地利用和滨水区房地产价值的历史性态度，运输、能量冷却等工业生产必要条件（往往要求工业用地靠近水源）使许多滨水区遭到了破坏——承继着污染与漠视的漫长历史。

通过工业化与区划的联合作用，滨水区不仅成为专业化工业的场地，而且也成为副产品的贮存所。从每一个地方运来的材料，通过滨水工业区加工、分装并发往下一个目的地，留下的只是废料。随着岁月的流逝，滨水区的使用与进程甚至并不一定依赖于水体。相反，滨水区的价值被减少并等同于一个可以不断扩展的垃圾倾倒场，一个被额外废物与填充物划分层次的场地，以为更多工业和培育城市基础设施创造空间。

历史上一些甚至不依赖于水的工业也坐落在滨水区，利用水作为工业流程的清洁资源。对水资源如此使用带给水体一个漫长的排污史,或故意或偶然地把化学物质与金属留在了土壤与地下水范围内。除此之外,为了允许工厂与仓库的建造,稳定滨水区场地、平整自然斜坡与腐蚀的河岸的传统进程,向场地的土壤轮廓里增加了有毒的填充物。

其他在滨水区肆虐的潜在污染包括以下内容:升级了的VOC、SOCS以及PCBS,来自泄漏的地下储存罐或石油溢出,氰化物与重金属,来自于造船过程以及木材场、矿渣以及总体的工业废物。即使这些物质被移走或被填埋,仍有污染——寄生在土壤甚至建筑物的砖瓦里——通常继续滤进地下水,土壤中易挥发的残留物能继续影响场地的使用。

在BP-Amoco提炼厂的前厂区,在怀俄明州北普拉特河的凯斯勃河段,地下1829m的屏障被设置以抵制仍然渗透到土壤里和迁徙进航道的石油污染。然而,屏障仅仅是一个微小的解决办法。尽管被污染,地下水对当地生态以及河流本身的健康与功能仍是重要的。因此,屏障被一项地下水复兴的冒险性计划所配合着,这项计划依赖于水力学上的抽水、地下水与土壤的涌动与清洁。这些措施一起配合确保被影响了的地下水系统的总体再生。

再利用计划的务实性要素也有助于场地未来的健康:被设计用来补充新商业公共休憩场的高尔夫项目,包括在它们渗透到地下水位之前,搜集地表径流与灌溉的湿地和池塘。

一旦联邦法规的检测是彻底的,能够有三种方法补救。有毒的物质或许被遏制、被移出场地到一个专门的填埋场,在那里它们将被压缩、稳定、填埋。有选择地使被污染的土壤、填充物或许被一堆不能扩散的稳定物质所覆盖。最后,用最近几十年更为通用的方法,污染物能隶属于多样性的进程,被设计减少有毒的物质,或者至少稳定它们的化学释放与效应。

首先的两个选择——有时被热讽为"猪和拖运"与"帽子和覆盖",基本上使文化永垂不朽。这些方法覆盖了平淡的过去的痕迹,缩小了工业历史的公众意识以及它的时效性,通过使污染置身于有形触及与公众注意之外。第三种方法，补救被视为一种与再生进程相并存的机会，作为必不可少的设计要素、作为功能性计划的一部分。例如，在杜伊斯堡市的公园，补救过程包括三个方面：作为设计要素，作为重建自然系统的方式，作为计划性机构的组成部分。但这个例子是不同寻常的，尽管大量切断边缘的工程已经将补救作为核心设计要素，并注重使再开发满足公众的感观要求，不是所有的补救措施都必须是有效的，或者是成功的。最有效的办法通常包括多重补救战略的估价与选择：从覆盖到拖运。

在威斯康星州的海港公园的改造与再开发表明了解决污染的可能方法的范围：科技的、政策导向的、市场为基础的以及区划为基础的。在这里，一系列以前的工业用地——一座床架工厂、克莱斯勒装配厂、固体废物处理机构——一个新的多功能开发并存着商业机构、娱乐场地、公交系统、新的市民制度以及一系列住房选择。

在把场地搬至市中心之前，克莱斯勒公司与环境工程师一起，采取了补救措施。补救战略包括以前描述的三种方法的联合：矿渣大部分从场地内移走，其他的地区被覆盖，一些土壤被排除石油化工的残留物质。但因为28hm^{2}之大的场地是在密歇根湖围湖造田形成的，城市在再开发中必须担当主导角色，以创造性的再区划和住房与娱乐场地的精心定位为开端。住宅用地被限定在场地内原有土地的高处，在那里拖运、覆盖和补救都被联合起来运用以开发最清洁的土壤。因为私人开发被限制在已被填充的滨水区，这座城市控制着场地的这些部分为主要的措施保留用地，诸如博物馆，大型娱乐活动，又如林荫路与小码头。

这些积极的结果——包含城市住房、文化机构、商业项目、娱乐设施的整体开发，如果没有应对污染的处理措施将不可能实现。

3）问题的解决办法

受洪水、自然资源、文化资源、污染影响的场地——几乎没有不受这四个影响的——如果开发商没有行动的话将不可能被利用。例如威斯康星州的海港公园，面积69英亩($28hm^2$)，该公园是由湖边的工业区与经济区、娱乐区、城市居民区和当地因素以及新的公共运输系统相整合后再发展的结果。然而正像所引用例子一样清晰的是，将要采取的行动依赖于个人对滨水区系统的看法以及它是如何发挥功能的。在目前所引用的每一个例子中，发展商与设计者已经不得不决定系统的功能性要素是否应该被单个地表达，作为有待于解决的问题或者作为系统性的、有待于被包括的设计挑战。

一旦发生洪水，岸边的建筑将会被机械性地保护吗？水位控制与水的清洁系统将与场地设计共存吗？它也一定会提高更大的区域水系统的功能吗？

在自然系统方面，成功地被界定为景观的重建以符合所谓“自然”的特殊形象，或者成功地定义为能被扩展到包括支持适应性环境的功能系统的设计与建造，这一环境，在当地与区域规模上，与城市、港湾、海上系统一起工作。

文化资源应该被及时地回归到特别珍贵的程度上历史应该被承认、被证实、技术性地被编织在一起，形成连贯的文化和历史的记述。

对于简单地隐藏垃圾和被迫公示设计成果的举动，什么才是经济上和文化上的利与弊？

针对环境问题开发商可能持两种态度：由被动的责任感引发的消极态度，或是由主动解决问题的渴望带来的积极态度，通过赞成能动性战略，表达这些问题。

3.过大的滨水广场利用率低

误区解析：过度设计不等于多种选择、多种机遇。过宽的河道难以聚拢人气。过大的滨水广场，利用率极低，缺少日常活动空间。其解决方案主要体现在以下几个方面：

(1)提高滨水区域使用效率。相关的内容包括多层次分级道路系统与快捷通道设置、步行优先、安全滨水路网。

应提供人车分流、和谐共存的道路系统，串联各出入口、活动广场、景观节点等内部开放空间和绿地周边街道空间。这里所说的人车分流是指游人的步行道路系统和车辆使用的道路系统分别组织、规划。一般步行道路系统主要满足游人散步、动态观赏等需求，串联各出入口、活动广场、景观节点等内部开放空间，主要由游览步道、台阶登道、步石、汀步、栈道等几种类型组成。车辆道路系统（一般针对较大面积的滨水绿地考虑设置，一般小型带状滨水绿地采用外部街道代替）主要包括机动车（消防、游览、养护等）和非机动车道路。主要连接与绿地相邻的周边街道空间，其中非机动车道路主要满足游客利用自行车、游览人力车游乐、游览和锻炼的需求。规划时宜根据环境特征和使用要求分别组织，避免相互干扰。例如苏州金鸡湖滨水绿地。由于湖面开阔，沿湖游览路线除考虑步行散步观光外，还要考虑无污染的电瓶游览车道，满足游客长距离的游览需要，做到各行其道、互不干扰。

（2）建设多层次水岸带。建设多层次水岸带，增强承载力，提供多种城市活动机遇相关的内容包括：上下部河床、堤内外绿地结合度，提供舒适、方便、吸引人的游览路径，创造多样化的活动场所。绿地内部道路、场所的设计应追求舒适、方便、美观。其中，舒适要求路面局部相对平整，符合游人使用尺度。方便要求道路线形设计尽量做到方便快捷，增加各活动场所的可达性，现代滨水绿地内部道路考虑观景、游览趣味与空间的营造。平面上多采用弯曲自然的线形组织环行道路系统，或采用直线和弧线、曲线结合，道路与广场结合等形式串联入口和各节点以及沟通周边街道空间，立面上随地形起伏，构成多种形式、不同风格的道路系统。而美观是绿地道路设计的基本要求，与其他道路相比，园林绿地内部道路更注重路面材料的选择和图案的装饰以达到美观的要求，一般这种装饰是通过路面形式和图案的变化获得的，通过这种装饰设计，创造多样化的活动场所和道路景观。

(3)亲水性空间设置。应提供安全、舒适的亲水设施和多样的亲水步道,增进人际交往与地域感。滨水绿地是自然地貌特征最为丰富的景观绿地类型。其本质特征就是拥有开阔的水面和多变的临水空间。对其内部道路系统的规划可以充分利用这些基础地貌特征创造多样化的活动场所,诸如临水游览步道、伸入水面的平台、码头、栈道以及贯穿绿地内部各节点的各种形式的游览道路、休息广场等,结合栏杆、坐凳、台阶等小品,提供安全、舒适的亲水设施和多样的亲水步道。以增进人际交流,创造个性化活动空间。具体设计时应结合环境特征,在材料选择、道路线形、道路形式与结构等方面分别对待,材料选择以当地乡土材料和可渗透材料为主,增进道路空间的生态性,增进人际交往与地域感。

(4)杜绝极端线性的滨水建设区。应控制一条由滨水区伸向腹地的梯度天际线,严控滨水开发密度。

城市滨水区域规划中有一个比较普遍的现象,即将一河两岸所形成的围合性空间视为滨水空间的全部,如此形成的空间,必然是沿河一直展开,类似于线性的开发模式,这种模式对于环境的承载力以及城市天际线的变化、未来城市土地的极差及有效使用都会产生不利影响。当然,这种逻辑最直接的后果是我们所熟知的单一、无变化、无厚度、无层次的城市天际线设计。这种情况在我国二线城市的集中开发建设中屡见不鲜。而对一线滨水开发以及政府收储土地等常规步骤方面,需要再次强调的仍然是杜绝大盘站点,杜绝一线滨水的占地,但这又不是依靠呼吁就能解决的,其中涉及非常复杂的近期与远期规划、市民与地产商等方面的错综复杂的博弈。对此,笔者认为还是应该本着平衡兼顾的原则,而不宜过度强调某一方面,如民生需求或政府需求等。对于不同性质的城市与开发,政府应采取不同的措施,其中根本原则就是一条,即避免单一形式。比如对于财力雄厚的城市,在政府收储方面应该更多地考虑民生需求以及土地价值健康稳定增长的需求;对于用土地收益反哺城市基础设施建设的大多数城市而言，至少要率先划定出公众介入滨水所必需的通道和一定比例的公共绿地；同时在城市建设用地与生态平衡方面，建议借鉴美国经验，也就是在滨水一线的规划中，充分利用行政杠杆，尽可能多地将城市公共性质的文化、教育、科普宣传等功能向一线滨水倾斜。比如深圳在最近一期的前海规划中就明确划定了商业住宅以及区域文教机构在一线滨水的比例。人们可以畅想这样的规划建成以后，中小学生可以在美丽的校园里面晨练、苦读，推开窗户就能看到蔚蓝的大海。当然，其背后所涉及的诸如土地价值补偿、资源公共占有等方面的矛盾，也都有赖于政策杠杆的作用，纯粹的市场化运作实难达成以上目标。

4. 传统的防洪设计破坏了河岸植被

传统控制洪水的工程手段主要是对曲流裁弯取直，加深河槽。并用混凝土、砖、石等材料加固岸堤、筑坝、筑堰等。这些措施产生了许多消极后果，大规模的防洪工程设施的修筑直接破坏了河岸植被赖以生存的基础。缺乏渗透性的水泥护堤隔断了护堤土体与其上部空间的水汽交换和循环。采用生态规划设计的手法可以弥补这些缺点，应推广使用生态驳岸。生态驳岸是指恢复后的自然河岸或具有自然河岸“可渗透性”的人工驳岸，可以充分保证河岸与水体之间的水分交换和调节功能，同时具有一定的抗洪强度。

生态驳岸一般可分为以下四种：

(1)自然原型驳岸。主要采用植物保护堤岸，以保持自然堤岸的特性。如临水种植垂柳、水杉、白杨以及芦苇、菖蒲等具有喜水特性的植物。由它们生长舒展的发达根系来稳固堤岸，加之柳枝柔韧，顺应水流，可增加抗洪、保护河堤的能力。

(2)自然型驳岸。不仅种植植被。还采用天然石材、木材护底，以增强堤岸抗洪能力。如坡脚采用石笼、木桩或浆砌石块等护底。其上筑有一定坡度的土堤。斜坡种植植被，实行乔、灌、草相结合，固堤护岸。

(3)人工自然型驳岸。在自然型护堤的基础上,再用钢筋混凝土等材料,确保大的抗洪能力。如将钢筋混凝土柱或耐水圆木制成梯形箱状框架。并向其中投入大的石块或插入不同直径的混凝土管,形成很深的鱼巢,再在箱状框架内埋入大柳枝、水杨枝等;临水侧种植芦苇、菖蒲等水生植物,使其在缝中生长出繁茂、葱绿的草木。

(4)驳岸形态论。作为"水陆边际"的滨水绿地,多为开放性空间。其空间的设计往往兼顾外部街道空间景观和水面景观。人的站点及观赏点位置处理有多种模式,其中具有代表性的有以下几种:外围空间(街道)观赏,绿地内部空间(道路、广场)观赏、游览、停憩,临水观赏,水面观赏、游乐,水域对岸观赏等。为了取得多层次的立体观景效果,一般在纵向上,沿水岸设置带状空间,串联各景观节点(一般每隔300～500m设置一处景观节点),构成纵向景观序列。竖向设计考虑带状景观序列的高低起伏变化,利用地形堆叠和植被配置的变化,在景观上构成优美多变的林冠线和天际线,形成纵向的节奏与韵律:在横向上,需要在不同的高程安排临水、亲水空间,滨水空间的断面处理要综合考虑水位、水流、潮汛、交通、景观和生态等多方面要求,所以要采取一种多层复式的断面结构。这种复式的断面结构分成外低内高型、外高内低型、中间高两侧低型等几种。低层临水空间按常水位来设计,每年汛期来临时允许淹没。这两级空间可以形成具有良好亲水性的游憩空间。高层台阶作为千年一遇的防洪大堤,备层空间利用各种手段进行竖向联系,形成立体的空间系统。滨水绿地陆域空间和水域空间通常存在较大高差,由于景观和生态的需要,要避免传统的块石驳岸平直生硬的感觉,临水空间可以采用以下几种断面型式进行处理:

(1)自然缓坡型。通常适用于较宽阔的滨水空间,水陆之间通过自然缓坡地形,弱化水陆的高差感,形成自然的空间过渡,地形坡度一般小于基址土壤自然安息角。临水可设置游览步道,结合植物的栽植构成自然弯曲的水岸,形成自然生态、开阔舒展的滨水空间。

(2)台地型。对于水陆高差较大、绿地空间又不很开阔的区域,可采用台地式弱化空间的高差感,避免生硬的过渡。即将总的高差通过多层台地化解,每层台地可根据需要设计成平台、铺地或者栽植空间,台地之间通过台阶沟通上下层交通,结合种植设计遮挡硬质挡土墙砌体,形成内向型临水空间。

(3)挑出型。对于开阔的水面,可采用该种处理形式,通过设计临水或水上平台、栈道满足人们亲水、远眺观赏的要求。临水平台、栈道地表标高一般参照水体的常水位设计,通常根据水体的状况,高出常水位0.5～1.0m。若是风浪较大区域,可适当抬高,在安全的前提下,以尽量贴近水面为宜。挑出的平台、栈道在水深较深区域应设置栏杆,当水深较浅时,可以不设栏杆或使用坐凳栏杆围合。

(4)引入型。该种类型是指将水体引入绿地内部,结合地势高差关系组织动态水景,构成景观节点。其原理是利用水体的流动个性。以水泵为动力,将下层河、湖中的水泵到上层绿地。通过瀑布、溪流、跌水等水景形式再流回下层水体,形成水的自我循环。这种利用地势高差关系完成动态水景的构建比单纯的防护性驳岸或挡土墙的做法要科学、美观得多,但由于造价和维护等原因,只适用于局部景观节点,不宜大面积使用。

(三)宜居、生态与低碳城市构建

1.控制性详细规划深化

“低碳生态城市”建设之理论依据主要源自可持续发展理念,通过建立一套低碳生态城市之可持续发展具体指标体系,以作定量衡量、比较、评估和评价。低碳生态城市规划必须要和现有法定城市规划管理体制接轨,通过详细规划和规划许可条件有效操作。然而,目前城市规划主要采用的宏观总体规划管理体系有其限制,要有操作性地实施低碳生态城市规划,有以下的重要考虑:

(1)低碳生态城市规划概念必须根据法定城市规划管理体制实施,通过法定详细规划、规划许可等日常管理手段有效操作。在目前常规的规划管理体制中,控制性详细规划是明确每块地规划条件和建设单位责任的法定工具,但目前按规定性指标只包括用地性质、建筑密度、建筑控制高度、容积率、绿地率、交通出入口方位及停车泊位及其他需要配置的公共设置等要求。强调减低碳排放、控制能源使用方式、节能节水等资源控制指标一般都不被包括在内。本书指出:要全面有效地把低碳生态城市的可持续发展理念及目标实施在规划管理过程中,要在体制和法规方面有所创新。

(2)低碳生态城市规划方案不能只是概念或原则,更不可以是规划编制后才加入的缺乏实施保障的空泛理念。低碳生态控规提供了一个实在的操作平台,有完整评估技术和方法配套,使每个指标都可以用客观科学方法评估。编制低碳生态控规过程中,设计单位要能提供不同的量化数据,通过模拟、计算、计量作不同方案互相比较。

(3)低碳生态城市规划指标把理念具体化,可以通过一套监控和反馈方法,把有关的指标任务明确分工,由不同部门承担问责,也由规划管理部门负责统筹汇报每年达标进展,再对规划作出进一步优化提升。每年的规划实施和指标表现要以阳光态度公布,推动市民参与和教育。

2.以生态为主,减少人工建设,降低维护成本

1)立体分层的河床与岸线设计。在城市滨水区域的生态化改造过程中,最重要的是滨水河床和河道岸线的生态恢复。这里的恢复既有前文所述的对已有硬坝应用合理的技术思路和现已成型并批量化生产的土工格栅、植草带、砖等成熟材料的技术对单一硬化、浆砌的驳岸进行“松绑”软化,同时更为重要的是借助多层驳岸的设置恢复驳岸应有的活力和生境。具体而言,包括上部驳岸的游憩生境和下层驳岸的水生和两栖类动植物生境。其

中涉及的技术包括多层滨水道路，可淹没底层游步道的技术和材料应用，也包括诸如抛石、石笼等底层岸线的材料技术的应用。另外，滨水区浅水湿地的生境恢复等项目涉及的主导思想是建立一个上下贯通、连续自然的人与动植物混合使用的空间。其中，核心环节是滨水的交通设计，在游步道系统内如何通过丰富、多样的停驻点、观景点及小型休闲运动空间的设置，留住游人。同时通过快速、应急及工作通道的完备设置，保证场地对于各种城市功能冲突及自然灾害发生的抵御能力，即我们通常所说的弹性化设计（Resenl Design）。

（1）多样化自然水岸恢复——恢复河道自然流程及岸相，恢复自然水岸生境；发挥自然河道的蓄滞洪作用，降低流速和水位瞬间峰值，缓解洪水威胁。多样化的水岸恢复核心点在于生境恢复，包括恢复河道的自然流程，主要是通过河道原有中心线进行重新标定，并依据自然水流，尤其在峰水位期间稳定的切削与沉积规律，对自然运动着的河流进行设计，除中央疏水区域需要确保河道数十年（20年左右）洪峰通过的总容量以外，剩余河床原则上均可采用弹性化设计，将之规划为具有多样化功能的自然性、间歇性湿地。在此类湿地的设计中，应注意不同水生植物的适应性高度以及按照根系发育程度和净化要求进行植物群落的排序。一般而言，接近于中央主河道的污染区域应使用以芦苇为主导的根系发达但欣赏性欠佳的植物。

（2）观赏性植物应结合游人的活动和两栖类生境的营造，大量采用原生观赏草和湿地草本以及浅水漂浮植物组成具有观赏价值的群落系统，并配合抛石和石笼设置，将多种类的两栖类生境容纳于其中。这种岸线的核心是为低于60cm水深的、间歇性湿地留下通往主渠道的连通通道，保证河流在枯水期的自由运转。

（3）结合河流蓄滞区的设置建立有一定规模的自然性河流湿地，这种湿地本身就具有一定的净化和曝气充氧功能，同时也能够接纳一部分湿地休闲、科普、参观活动。关于这方面，国内同类设计中一个明显的缺陷在于许多设计师会根据此一区域的尺度将之设计为观鸟平台,笔者认为在河流城市段进行这样的设计,除非具有足够的距离,如永定河那样的宽达数千米的大河才可以实行,一般中小型城市河流均不宜使用。使用恢复河道中心线、恢复河道自然流程的方式所进行的生态河道改造有一个明显的优势在于河流的自然弯曲和糙度增加会在相当程度上缓解高峰值流水的威胁。事实上,洪水并不如我们所想象的一泻千里才是最佳的排泄方式。对自然河流通过城市区段,最佳的岸线设置是利用糙度和弯曲度来缓和河流,比如迁西滦水湾生态规划案例,在河流城郊上游段使用具有极高粗糙度的河床设置,用大量的浮岛、植床、水泡,帮助滞留过量洪水,中下游城市段将主河道的粗糙度变小,使过水速度加快,配合下游橡胶坝、滚水坝的自动调蓄,不仅可以顺利地错峰通过洪峰,而且使原河道通过多层的水利跌水方式,做一次充分的人工曝气充氧。每次洪峰,河流的内环境则被完整清洁一次,水质得到明显提升,前提是必须配套以河流上流段完整的截污、稳定池、沉淀塘等一系列设施。如果上游生态治理改造未达标、不具备相应生态设施,将达不到此效果。

(4)完善的原生植物群落——建立从市政堤顶路直至浅水湿地区域完整的乔、灌、草立体搭配的原生植物群落系统,完善水岸动植物系统,最大程度地实现滨水植物群落的自我演替。

水岸规划的植物设计核心问题在于完整和本土两个关键点。首先,完整的植物群落所指是从顶层岸堤开始的乔灌草的立体化搭配,具体而言,在20年一遇洪水线以上的上部驳岸,均可以采用绿色公园的立体模式,其密度和郁闭度均不受水岸设计影响。唯一需要控制的是深根系乔木在极端洪水期对洪水形成的阻碍,在中下层,以灌草为主,构建完整的并富有野趣的植物群落,浅水区植物需兼具观赏和植物净化两方面功能。其次是本土,在以上所有的植物配置当中,最核心的思想是尽可能使用本土适生植物和完全驯化的品种。因为河道规划的空间尺度一般较大,对整个河道景观影响最大的实质是植物群落的总体生存状况和生态发挥状况，而并非一花一木的奇异与夺目。所以植物选择的低成本、本土化，不仅可以大大降低河道生态改造的建设费用，更重要的是，在河道实施管理维护阶段，可以极大地节省人工维护费用。所以应该大力地去研究、找寻本土适生的，最好是能够实现完全自我演替的品种和群落。在此方面，以野草为名，完全不顾植物所在地域的适生情况以及可控性的单一设计方式是错误的。比如相对于先锋类的芦苇和某些观赏草而言，如果不加选择地滥用，其结果是绝大部分人工维持费用必须会花在几乎是常年的除草、修正方面，这就变成了另一种形式的以野草廉价为名，对每个城市的园林管理机构造成沉重负担。总之，在植物选择和搭配的工作中，需要秉持的逻辑是既适合于城市，也适合于地域的乡土伦理，而非单一目标取向的模式化的生态伦理。

2)滨水绿地植物生态群落的设计

植物是恢复和完善滨水绿地生态功能的主要手段。以绿地的生态效益作为主要目标。在传统植物造景的基础上，除了要注重植物观赏性方面的要求，还要结合地形的竖向设计，模拟水系形成自然过程所形成的典型地貌特征（如河口、滩涂、湿地等），创造滨水植物适生的地形环境。以恢复城市滨水区域的生态品质为目标，综合考虑绿地植物群落的结构。另外，应在滨水生态敏感区引入天然植被要素，比如在合适地区建设滨水生态保护区以及建立多种野生生物栖息地等，建立完整的滨水绿色生态廊道。

绿化植物品种的选择方面，除常规观赏树种的选择外，还应注重以培育地方性的耐水性植物或水生植物为主，同时高度重视水滨的复合植被群落，它们对河岸水际带和堤内地带这样的生态交错带尤其重要。植物品种的选择要根据景观、生态等多方面的要求，在适地、适树的基础上，还要注重增加植物群落的多样性。应利用不同地段自然条件的差异，配置各具特色的人工群落。常用的临水、耐水植物包括垂柳、水杉、池杉、云南黄馨、连翘、芦苇、菖蒲、香蒲、荷花、菱角、泽泻、水葱、茭白、睡莲、千屈菜、萍蓬草等。

城市滨水绿地绿化应尽量采用自然化设计，模仿自然生态群落的结构。具体要求：一是植物的搭配——地被、花草、低矮灌木与高大乔木的层次和组合应尽量符合水滨自然植被群落的结构特征；二是在水滨生态敏感区引入天然植被要素，比如在合适地区植树造林恢复自然林地，在河口和河流分合处创建湿地、转变养护方式培育自然草地以及建立多种野生生物栖身地等。这些仿自然生态群落具有较高生产力，能够自我维护、方便管理且具有较高的环境、社会和美学效益，同时，在消耗能源、资源和人力上具有较高的经济性。

河道水质污染严重，缺乏科学有效的治理手段。很多城市由于工业和生活污水缺乏严格管理，直接排入城市内部河道，使本来清澈的河水变成黑水河、臭水沟，这样的河道不仅不能改善城市环境，如果不加治理，反而会变成新的污染源。目前，我国利用滨水植物治理水质污染的技术已经得到很大发展。

3.从公共政策角度划定滨水开发空间

滨水开放空间从第一步的蓝线划定上层岸线的尺度，到有目的地划定兼具湿地和蓄滞洪功能的蓄滞区，都带有着浓厚的行政规划色彩，应属于城市运营过程中的公共政策部分。前一阶段的城市建设的实践中，对于这一问题，讨论的核心点在于滨水区域的功能划定、土地置换以及每年的建设用地投放量等方面，如果没有相关政策的配合，这些问题对于滨水规划的持久、健康仍将是一个掣肘。简单而言，就是要充分利用有效的公共政策引导滨水规划，其优势集中体现在滨水区域的产业切入，短期商业利益与永久性的城市滨水人居空间的维持、维护以及地域性、文化的传达等方面。公共政策的导向完全可以从根本上改变任何城市的滨水区域空间品质与改造方向。这种政策的规范往往不是设计团队和地方政府单方面所能控制的，而我们前一阶段的滨水规划中，长期采用的以房地产先行、以城市土地出让来维持城市基础设施建设及运营的做法，在相当程度上直接导致了滨水规划政策在长期利益和短期利益之间选择失衡，甚至失去理智。用普通市民最感同身受的一句话说就是:对城市高价值风景资源杀鸡取卵式的掠夺。站在全面、客观的立场上我们可以这么理解,即我国十多年以来的城镇化建设很大程度上站在了大规模房地产开发和土地出让金反哺城市事业这样一个巨人的肩膀上。换言之,如果没有这样一个粗放式的以土地换空间、以土地换资本的运作过程(当然,这其中不包括某些地方官员对国家资源的滥用),在中国城镇化起步阶段几乎没有任何一个社会力量可以滚动中国城镇化建设这一硕大无比的雪球。但是在下一阶段的内涵式城镇化发展阶段,公共政策必须为城市滨水规划做出相应理性的调整。下一步城市滨水规划,应该是通过对高质量、高价格的土地出让,为城市发展谋求更持久的利益。在这一阶段,公共政策可以更有效地影响滨水产业空间的更新换代,影响滨水人居环境的更新换代,并最终影响城市综合功能的升级。笔者认为这是一个多次循环的持久过程,滨水环境品质的提升,会极大地推动城市土地价值的进一步提升,最终为城市基础设施尤其是未来的绿色基础设施的提升提供充足的资金和推力。总之,我们已经走过了需要立竿见影、快速发展的城镇化阶段,新一轮的城镇化,尤其是对于东部地区而言,国际化大都市的发展目标需要我们更多地用长线式政策、伦理思维去作判断,更多地利用人与自然、社会与服务等广义伦理的概念去建立更持久的政策。

4.为未来城市发展和重大城市活动留有余地

当前城市滨水规划中另一个重要的趋势是规划的阶段性缺乏弹性。实际上,任何一座滨水城市的改造和治理时间都会长达数十年,在这一漫长的历史进程当中,规划的许多要素如产业、人口和地价都会经历巨大的变化和反差。这种情况下,留有余地的设计,借鉴景观生长的理论看待城市的生长,将更有利于滨水规划。关于此方面最惨烈的教训就是美国波士顿滨水的大开挖项目。大部分景观从业者和城市领导看待大开挖时,更多地着眼于它的惊人的投资规模和令人炫目的景观效果。大开挖作为一项世纪滨水工程留给我们的是深刻的教训，这项投资500多亿美元的项目，本质上只是为当年（20世纪70年代）不留任何余地的波士顿一线滨水规划的失误买单。可以说这一条通往剑桥小镇、通往哈佛大学的希望之路。负责此工程的波士顿地方官员马修在回答中国《瞭望》周刊的记者提问时，特别提出了有关北京正在修建的六环以及更大的其他基础设施对于城市滨水和绿色基础设施的阻隔等问题。当记者问及北京是否也会像波士顿一样在未来的某一天不得不花费更大的投资，将巨大的环路系统埋入地下，以便实现北京公共开放空间的真正自由时，马修的回答相当肯定——“Of course”。

二、城市滨水景观研究的意义

开发滨水地区的直接产品是城市环境面貌的改善，这包含了多方面的研究意义：第一是改善滨水地带水体的生态环境，滨水区是典型的生态交错带，开发时关注的不应只是表面的繁荣，而应考虑生态环境的可持续性；第二是提升城市的历史文化内涵，利用滨水地段遗留的历史建筑是一个有效的手段；第三是增加公共开放空间，开发滨水地区本质上是为提高城市的素质，公共开放空间的质和量是衡量一个城市素质高低的重要指标，滨水区的开发应特别注意营造公众共享的绿色开放空间；第三是城市魅力的体现，很大一个因素在于优美的城市环境设计，如滨水的城市轮廓线、滨水节点以及无阻挡的视线走廊等。以上提到的多方面的内涵无不和城市滨水景观设计相关，由此可见合理地进行滨水景观设计对于整个城市景观品质的提升和市民休闲空间的丰富都有很大的帮助。

城市滨水区的开发建设是项复杂的综合工程，滨水景观设计仅仅是其中很小的一项内容，但其对整体的滨水环境乃至整个城市的环境都有很大的影响，因此越来越多的城市在滨水区建设时都留出了足够的空间用于滨水绿带建设。滨水带由于防洪要求、预留空间大小等的不同往往被设计成不同的形式，例如滨水步行道、公园、广场等，因此在景观设计时须根据场地的具体情况及滨水区在城市中的地位、作用等进行具体分析，然后确定其景观形式，进而再进行深入的设计。

滨水区景观设计内涵就是将滨水区景观的组成要素包括水体、驳岸、植物、构筑物以及各类景观小品等进行梳理和整合，使其在满足生态、经济的前提下，提供给人们景观优美、满足人们亲水天性的多样性的开放空间。这其中很关键的一点在于滨水区景观要和城市的整体景观相协调，最好还能发挥优势，起到画龙点睛作用。

滨水区景观设计的核心内容在于对滨水区自然要素“人化”的过程，通过对滨水区这一中介景观的组织与构成，使宏观的城市山水深入微观。其中人化是指在尊重滨水区特有自然规律的前提下，以开发滨水区景观为主导，并以其生态效益、经济效益、社会效益为核心，通过滨水区的景观有机融入城市整体景观设计之中，使尊重自然和人的活动达到统一和谐的境界。

生态滨水设计的核心理念主要如下：

(1)最大程度地适应水位的季节性变化：合理利用上部河床的广阔空间：提供多样的绿道，接入生态游步道，提供市民休闲的多种机遇。

(2)恢复河道自然流程及岸相，恢复自然水岸生境：发挥自然河道的蓄滞洪作用，降低流速和水位瞬间峰值，缓解洪水威胁。

(3)建立从市政堤顶路直至浅水湿地区域完整的乔、灌、草立体搭配的原生植物群落系统，完善水岸动植物系统，最大程度地实现滨水植物群落的自我演替过程。

三、国内外研究进展

(一)国外研究进展

作为生存、灌溉和运输的自然资源，水与人类文明的起源有着密切关系。世界上最早的城市出现在大河两岸及其与海相汇的河口湾地区,如尼罗河流域的埃及,两河流域美索不达米亚平原的巴比伦波斯,恒河流域的印度以及黄河、长江中下游的中国城镇等。当今世界超过100万人口的城市,60%分布于沿海地带,尤其是河口海岸平原区。城市发展的早期,河流成为城镇防守的天然屏障,沿河、湖、海的村镇聚落逐渐地发展成为大城市。纽约、悉尼、里约热内卢、威尼斯、东京等城市都是因其滨水特征而享誉世界。

工业革命后,水运港埠及其滨水地区逐渐成为城市中最具活力的地段,许多城市中心区、港口、工业和仓储业等大部分滨水而居。以北美为例,在铁路出现之前,城市几乎都位于航道之上,如美国的纽约、波士顿和巴尔的摩,加拿大的蒙特利尔等城市。

第二次世界大战后,随着许多大城市工业的郊区化和城市航空、铁路和公路运输业的发展,原来繁荣的水运事业逐步衰退,但许多河、海沿岸昔日的港口、码头等各种作业性构筑物仍长期占据着滨水空间,与此同时城市湖滨地带也随着城市人口的膨胀逐渐被填没或被包围,由此带来的一些显性的和潜在的危机反作用于城市,使城市生态环境逐渐恶化,城市的生存和发展面临着重重困难。城市滨水地区成为人们不愿接近乃至厌恶的场所,无论是在阿姆斯特丹,还是在伦敦、纽约、新加坡,都是如此。不仅如此,第二次世界大战炸毁了交战国许多城市的港口和滨水工业地区,给人们留下了残破的废墟和大片需要重建的滨水区土地,如柏林、鹿特丹和横滨等。

滨水地区是城市中主要的开放空间,其开发涉及工程、交通、景观、环境等诸多问题,涉及众多部门、团体的利益和矛盾,是城市土地开发中最复杂、最困难的地段之一,也是城市规划的重点和难点之一。20世纪70年代开始,城市滨水区再开发成为人们关注的焦点,许多城市掀起了新一轮建设滨水区的热潮,随着再开发的进行,越来越多成功的经验被运用到开发中,使得城市的滨水区呈现出空前的繁荣景象,优美的绿色滨水步道和其他各类开放空间相结合提供给人们休闲的空间，成为城市中人气最旺的场所之一。

美国巴尔的摩内港紧邻城市核心查尔士中心，用地 12.8hm^2，环绕内港港池。20 世纪 60 年代初仓库占据主要滨水区位。70 年代后，随着港口的集装箱化和深水化，这一港区逐渐被弃置。随着巴尔的摩城市中心更新的展开，内港毗邻市中心地段依托良好的滨水区位，建设了凯悦、23 层查尔士中心南楼、联邦大厦、11 层内港中心、地铁站以及 10 余幢其他办公楼。按总体规划及城市设计，在原加登船坞改造的奥丽公园设计了内港海上人口和环港滨水大道，联系序列公共空间直至对岸体育中心，形成毗邻市中心的富有生气的滨水公共活动中心空间。巴尔的摩内港与旧金山北部沿海滨水区、波士顿滨水区、纽约百特里商务园区等，成为国际滨水区结合城市中心开发的先导性范例。此外，伦敦的圣·凯瑟林码头区的整治、悉尼林达港的改建、横滨 21 世纪滨水区的开发建设都是城市滨水区开发建设的范例。与此同时，一系列与滨水区开发有关的国际会议也相继召开，如横滨滨水区国际会议、大阪 1990 年的国际水都会议、威尼斯 1991 年水上城市中心第二届国际会议等。城市滨水区的开发和更新建设为城市的发展注入了新的活力，对于城市整体景观的提升具有重要作用。

滨水景观的发展肩负着大规模城市更新的职责。21 世纪成功的城市不仅要提供财富增长的机会，而且要迎接社会的、文化的、科技的、环境的和美学的多方面变革。水域孕育了人类和人类文化，成为人类发展的重要因素，并且是公共开放空间中兼具自然景观和人工景观的区域，对于人类的意义尤为独特和重要。在以水为核心的各种成就中，城市滨水开放空间能满足人们亲水的天性，具有其他类型开放空间不可比拟的优势。例如，以线性空间为主，局部放大串接不同的空间布局方式，使其滨水形式更为灵活，更符合现代人生活的需求，并可以明确体现我们的时代精神：古老而又经典的、以水为主题的休闲区域；未开发的和进行过环境恢复的生态区域；人类聚居地的创新研究。

滨水区开发在西方国家经过了几十年的发展，积累了丰富的理论和实践经验，多数学者是从城市规划的宏观角度进行滨水区开发、滨水区城市设计等方面的研究。

（二）国内研究进展

我国从20世纪90年代起开始滨水区研究，从滨水区总体开发和规划到滨水景观设计等的研究中，提出了滨水区景观规划设计的理念：一是体现以人为本的核心理念。从普通市民角度切入，关注市民的可达性、亲和性，特别是关注老幼残疾人的特殊人群要求，让市民参与规划，创造满足市民多样需求的滨水空间。二是创造宜人的都市意向感知空间理念。从城市设计入手，弥合支离的城市片段，结合远处高山，近处的建筑及公共设施，使滨水空间与背景融为一体，焕发城市活力。三是重现“回归自然”的生态理念。从完整的生态系统把握设计，保护水生生物和野生动物的栖息地，维护生物的多样性，增加景观异质性，实现滨水区的可持续发展。四是形成多元化的地域文化理念。以人与自然和谐共生为载体，延续城市的历史与文脉，创造与生态融合的多元地域文化。为此可以把滨水景观建设成为，一方面要通过内部组织，达到空间的通透性，保证与水域联系的良好的视觉走廊；另一方面，展示城市群体并给景观提供广阔的水域视野。这也是一般城市标志性、门户性景观可能形成的最佳地段。同时，城市滨水景观带又是最能引起城市居民兴趣的地方，因为“滨（沿）水地带”对于人类有着一种内在的、与生俱来的、持久的吸引力。

总体来说，国内目前对于生态城市和生态新城建设进行问题探讨的文献数量不少，经过对这些文献内容所进行的筛选和整理，发现大部分的问题基本上都集中在以下三个方面：

（1）从建设目标上来看，国内目前对生态城市概念的理解有很大的偏差，使得生态城市的建设出现目标上的混乱。例如学者陈虹认为在生态城市建设形式的选择上，很多城市政府进行城市规划与建设所追求的目标包括“花园城市”“森林城市”“园林城市""环境优美的城市",有的甚至将这些城市形态简单地等同于生态城市。丁玉洁认为我们对生态城市的理解还不够充分和深入。生态城市建设应从文化、政治、经济、社会等各个领域全面推进,在此基础上再体现各自的特色。李迅、刘琰认为低碳生态城市的定义不清,概念多样化,各种文本中提出很多名词。

(2)从建设理念上来看,国内的生态城市建设注重局部,忽视整体,过于功利,缺乏长远的考虑。[①] 李迅、刘琰指出政府建设低碳生态城市动机不明晰,强调政绩工程,盲目关注大城市,忽略中小城市,盲目关注"新城开发",忽视建成区的生态改造。

(3)从建设实践过程上来看,国内生态城市在实施上存在着一些很大的问题,而且缺乏对民众的知识普及。冯瑛认为我国当前包括立法、体制、群众生态意识等在内的生态城镇建设的支撑体系不健全,导致生态城镇建设推进不力,进展缓慢。丁玉洁在文中指出生态城市建设规划与相关规划的协调性不够,生态城市规划与现行规划体系的关系没有正确界定,生态城市规划缺乏"整体"的视角,缺少将生态城市建设的目标和内容融入现行或即将制定的专项规划中的有效工具和手段。而陈虹则认为政府对居民的宣传教育不够重视,未能形成良好的生态城市建设氛围,使得生态城市在实践上受到阻碍。

可以看到,前述对于生态城市的问题讨论主要集中在概念、理念和实践过程这三个方面,当然这也是目前我们所面临的最实在的问题。然而,即便是克服了上述的问题,我们就能一定能保证生态城市(新城)的美好前景吗,或者说,它们就一定能在建成后产生预期的经济效益和良好的社会效应吗?

尽管笔者对于我国生态新城建设提出了质疑,但也不能否认

① 冯瑛认为我国生态城镇建设目标过于超前或过于模糊,甚至自相矛盾,与目前全国多数城市的平均经济发展水平不相适应。陈虹在其研究中提出我国某些生态城市建设忽视城市与区域密切相关的整体观念和城市周边生态环境的保护,追求的是小系统范围内的高效、经济和低污染,这种思维模式与生态城市建设的整体观念格格不入,属于局部的思维模式。

我国近年来生态新城建设所产生的积极的社会效应，特别是在全球变暖、节能减排成为重要国际议题的情况下，建设这样的生态新城有特别重要的现实意义和战略意义。一方面，我国的城市化和工业化进程还有较长的路要走，但由于人口基数大，城市的数量和质量存在着一定的限度，因而需要适量的新城建设来协助推动城市化的发展；另一方面，我国目前在生态技术方面还落后于发达国家，需要一定的生态建设实践来试验相关的技术手段，这样才有可能在实践中找到技术创新的突破口，在推动我国生态技术发展的同时积累生态城市建设的经验。

然而，从我国目前城市的总体发展状况来看，考虑到前文所提到的三个问题，即对今后生态城市建设的示范效应、城市的多样性与活力以及城市的包容性和社会公平等三个方面，笔者认为我国生态城市的建设应当尽量以下面三点作为实践的关键和原则：①基于建成环境，生态城市的建设应当从建成走向新建，而不是只顾新建而忘了那些大量的建成区，如果只顾在局部建设生态新城，那么从广域层面来看，总的生态效益并没有得到质的提升；②改良老旧建筑，从建筑的实践上来讲，也应从老旧建筑的生态改造开始，逐步走向新建的生态建筑，在老旧混合的城区中实践生态技术，这样才是有活力的生态；③服务人民大众，真正的生态是人民大众的生态，就如同阳光、空气和水一样，是属于所有人的生活权力，而不是属于社会某个阶层或某个群体的特权，因此我们在生态城市实践中应遵循这样一个出发点：让生态文明造福最广大的人民群众。[①]

四、国内外滨水景观设计与理论研究

（一）景观生态学理论

1939年德国地理学家特洛尔最早提出了景观生态学（Land-

---

① 袁也，胡斌．问题与展望——对我国当前生态新城建设前景的几点浅思[J]．生态与低碳城市，2013(1)．

scape Ecology)的概念。它是以整个环境系统为研究对象，以生态学作为理论研究基础，通过生物与非生物以及与人类之间的相互作用与转化，运用生态系统原理和系统方法来研究景观结构和功能，景观动态变化以及相互作用，景观的美化格局、优化结构、合理利用和保护的学科。

生态学的发展成为第二次世界大战以后解决日益严重的全球性人口、粮食、环境问题的有效途径，这对全球土地资源的调查、研究、开发和利用起到了强烈的促进作用，并掀起了以土地为基础的景观生态学研究热潮。其中以麦克哈格的著作《设计结合自然》为代表，建立了以生态学为基础的景观设计准则，在这里现代主义功能至上的城市规划分区方式不再是设计的唯一标准，转而主张尊重土地的生态价值并将土地的自然过程作为设计的依据。

生态城市的概念是20世纪70年代联合国教科文组织“人与生物圈计划”研究过程中提出的，它代表了国际城市的发展方向。苏联生态学家亚尼茨基第一次提出了生态城的思想。1984年联合国教科文组织的MAB报告提出了生态城规划的五项原则是生态保护策略、生态基础设施、居民的生活标准、文化历史的保护、将自然融入城市。

1975年美国生态学家瑞杰斯特(Register)和他的朋友们在美国伯克利成立了“城市生态(Urban Ecology)”组织，参与了一系列的生态建设活动。该组织从1990年开始在美国伯克利(1990)、澳大利亚阿德莱德(1992)、塞内加尔约夫(1996)、巴西库里提(2000)、中国深圳(2002)组织召开了五届生态城市国际会议。此后，生态城市的研究与示范建设逐步成为全球城市研究的热点。

随着遥感、地理信息系统(GIS)等技术的发展与日益普及，现代学科呈现出交叉、融合的发展态势。景观生态学着力于对水平生态过程与景观格局之间的关系、多个生态系统之间的相互作用和空间关系的研究。景观生态学在多行业的宏观研究领域中被认同和关注,有着良好的应用前景。

(二)城市防洪理论

城市防洪是指为防治城市区域内某一河流区域、河段的洪涝灾害而制定的总体部署,根据流域或河段的自然特性、流域或区域综合规划对社会经济可持续发展的总体安排,研究提出规划的目标、原则、防洪工程措施的总体部署和防洪工程措施规划等内容。包括国家确定的重要江河、湖泊的流域防洪规划,其他江河、河段、湖泊的防洪规划以及区域防洪规划。防洪规划应当服从所在地流域、区域的综合规划;区域防洪规划应当服从所在流域的流域防洪规划。防洪规划是江河、湖泊治理和防洪工程设施建设的基本依据。

防洪标准,是各种防洪保护对象或水利工程本身要求达到的防御洪水的标准。通常以频率法计算的某一重现期的设计洪水为防洪标准,或以某一实际洪水(或将其适当放大)作为防洪标准。《防洪标准》(GB 50201—2014)规定,城市防洪标准应根据城市的社会经济地位的重要性或非农业人口的数量进行确定,城市防洪是以保护城市人民的生命安全为目的而做的相关措施,包括城市防洪工程设施和城市防洪非工程措施。防洪工程设施包括水土保持,筑堤防洪与防汛抢险,疏浚与河道整治,分洪、滞洪与蓄洪;防洪非工程措施是指通过行政、法律、经济等非工程手段,以减少洪水灾害损失的措施。

(三)恢复生态学理论

恢复生态学(Restoration Ecology)是研究生态系统退化的原因、退化生态系统恢复与重建的技术和方法及其生态学过程和机理的学科。恢复生态学的研究对象是那些在自然灾变和人类活动压力下受到破坏的自然生态系统。城市是高度退化与胁迫的生态系统,绿地景观建设是人类活动高度干扰状态下的景观重建与生态修复的实践活动。目前,对自然生态恢复的研究与应用已形成了较为完整的方法和技术体系，而对自然生态、经济生态、人文生态恢复的融合机理的恢复理论研究相对缓慢，特别是对在人类严重胁迫下的城市生态系统的植被建造与生态恢复理论的研究更少。

生态恢复包含改建、重建、改造、再植等含义。由于生态演替的作用，生态系统可以从退化或受害状态中得到恢复，使生态系统的结构和功能得以逐步协调。在人类的参与下，一些生态系统不仅可以加速恢复，而且还可以改建和重建。目前，生态恢复一般泛指改良和重建退化的自然生态系统，使其重新有益于利用并恢复其生物学潜力。生态恢复并不意味着在所有场合下恢复原有的生态系统，这未必都有必要，也未必都有可能。生态恢复最关键的是恢复系统必要的结构和功能，并使系统能够自我维持。

景观恢复是指恢复原生态系统中被人类活动中止或破坏的相互联系，景观生态建设应以景观单元空间结构调整和重新构建为基本手段，包括调整原有的景观格局，改善受胁或受损生态系统的功能，提高其基本生产力和稳定性，将人类活动对于景观演化的影响导入良性循环。二者的综合统称为景观生态恢复与重建，是构建安全的区域生态格局的关键途径，其目标是建立一种由结构合理、功能高效、关系协调的模式生态系统组成的模式景观，以实现其生态系统的健康、生态格局的安全和服务功能的可持续性。绿地系统建设是指极度破碎化的生态系统的植被恢复与景观重建，从城市规划入手，严格实施开敞空间优先的规划思想是实施成本约束、效益约束、尺度约束的城市生态恢复的理想途径，也是未来大型工程项目建设时生态恢复应该遵守的准则。

（四）滨水区景观规划设计的文态理论

英国学者爱德华·泰勒在《原始文化》中定义“文化”时指出文化或文明，就其广泛的民族学意义来讲，是一个复合整体，包括知识、信仰、艺术、道德、法律、习俗以及作为一个社会成员的人所习得的其他一切能力和习惯。

《中国大百科全书·哲学卷》界定文化是人类在社会实践过程中所获得的能力和创造的成果。它还指出文化有广义和狭义之分。广义的文化包括人类物质生产和精神生产的能力，物质的和精神的全部产品。狭义的文化则指精神生产能力和精神产品，包括一切意识形态，有时专指教育、科学、文学、艺术、卫生、体育等方面的知识和设施，以及世界观、政治思想、道德等与意识形态相关联的方面。

也有些学者认为文化是人的内在要求与外部世界相互作用的方式，是人类精神与物质活动的总称。它包括人的精神活动如心理和意识的活动，也包括人类的物质生产与精神生产，还有具体的生活方式等文化因素。

还有许多学者从主体活动角度来定义文化，认为文化的根本在于思维方式。美国人类学家鲁斯·本尼迪克特对文化的定义是通过某个民族的活动而表现出来的一种思维和行为模式，一种使该民族不同于其他民族的模式。

此外，弗洛伊德把文化理解为如下两个方面：一方面它包括人类为了控制自然的力量和汲取它的宝藏以满足人类需要而获得的所有知识和能力；另一方面还包括人类为了调解那些可利用的财富分配所必需的各种规章制度。

综上所述，文化既包含意识层面的制度、行为、审美观念和价值取向等内容，同时又包含了社会活动中的物质产品。

第一章　城市滨水景观规划概述

当今，城市滨水地带的规划和景观设计是景观设计中关注的热点。滨水区设计包含了许多复杂的综合问题，涉及多个领域，河流、运河和城市岸线，在环境保护方面具有至关重要的作用。因此，要求设计师能够全面、综合地提出问题，并解决问题。本章将对城市滨水景观规划的相关理论展开论述。

第一节　城市滨水景观规划释义

一、城市滨水景观的释义

滨水景观设计是指对城市中邻近自然水体区域的整体规划和设计，因此，滨水按其毗邻的不同水体性质，可分为滨河、滨江、滨湖和滨海区域。需要说明的是，城市自然水体顾名思义是指自然界原来所拥有的水体，不应该是人工开凿的，但是有一些人工开凿的大型水体工程，如我国的京杭大运河在人们的心中已经是一条十分重要的城市水系，与自然水体没有什么本质上的区别，因此这些大型的人工水体工程也算在城市滨水区的范围之内，而那些小型的人工挖凿的水体，如一些园林中的水塘等就不算是城市滨水区了。①

---

① “滨水景观”是近几年才出现的新名词，因此，在中国几乎所有正式出版的词典上都没有明确的解释。在英文中“滨水”可以翻译为“waterfront”，在不同的词典中有不同的解释：“a part of a town which is next to the sea，a lake，or a river，(城市中的)滨水区，码头区”，“land at the edge of a lake，river etc.，(湖、河等的)滨水地区”，“a part of a town or an area that is next to water，for example in a harbour”。因此可以说，“滨水”就是指“城镇中与河流、湖泊、海洋毗邻的土地或建筑；城镇邻近水边的部分”。

二、城市滨水景观的类型

根据不同的性质，城市滨水景观可以分为以下几种类型。

（一）根据滨水区不同的物质构成分类

滨水区不同的物质构成，给人们的视觉带来不同的感受，但总体来说可以以水体的面积、周围生态圈的作用、人工构筑物的多少来界定城市滨水区的类型，一般可以分为三大类。

1. 蓝色型

这种类型偏重于反映水和天空的景象，使人感受自然水体的广阔无垠。运用这种设计手法形成的自然水体面积一般较大，如滨海区以及太湖、洞庭湖等大型湖泊地区。根据调查，人们最喜欢欢聚的环境是滨海地区，由此可见，水体对人们的吸引力有多大。因此，只要有条件，我们都应当注重对于大型水体的有效利用(图 1-1)。

图 1-1　泰国芭提雅珊瑚岛

2. 绿色型

此种类型一般注重自然生态的保护，驳岸一般采用自然型

(图 1-2),用以保护滨水区原有生态圈。它不仅包括陆上的动植物,也包括水中的一切生物,人们常常重视陆地上的绿化而忽视了水中的动植物的存在。

图 1-2 自然绿色型驳岸

3. 可变色型

这里的"可变"是指灰色的混凝土、黄棕色的自然土地、绿色的植物等城市滨水区不同的物质构成,以不同的比例混合而形成可以变化的色彩(图 1-3)。在现代城市滨水景观设计中,一般都是以可变色为主的,只要涉及滨水区广场的设计都是属于此种类

图 1-3 上海外滩人工堤岸

型。设计可变色滨水景观需要以下资料:水利水文资料、防洪墙的技术处理问题、城市规划方面的资料、旅游活动资料等。[①]

(二)根据不同的功能分类

根据不同的功能可以分为以下三种。

1.自然生态型

这种滨水景观立足于对自然的全面保护,一般看不见大面积的广场等现代的景观设计元素,尊重生态自然,维持了陆地、水面及城市中的生物链的连续。尽量保留和创造生态湿地,造就了微生物、鸟类、昆虫等的栖息之所。

近些年日益受游客喜爱的湿地公园就是很好的自然生态型滨水景观,每个湿地公园都有其自身的特点。常熟沙家浜生态湿地公园有着很浓郁的"红色"背景,革命样板戏《沙家浜》使其家喻户晓,沪剧《芦荡火种》是其前身,因此沙家浜湿地公园的芦苇荡是一大特色(图1-4)。而北戴河公园被誉为"鸟类的麦加",它是沿海滩涂湿地,面积达50多万亩,湿地公园内已经发现了412种鸟类,占我国鸟类总数的三分之一,属于国家重点保护的就有将近70种,每年吸引大量的国内外鸟类爱好者和鸟类科研工作者前来考察和进行学术研究(图1-5)。

2.防洪技术型

一般的滨水地区都要考虑其防洪的功能,因为滨水地区往往是洪涝灾害多发地区。防洪技术型的滨水景观设计不是说完全只进行防洪的设计,而忽略景观的设计,只是在设计的过程中,将防洪放在第一位考虑,所有的其他规划都应该尊重和服从防洪这一原则。像长江、黄河等沿岸都应该重点考虑其防洪功能,其次才可规划其他的设施和功能,上海的黄浦江和南京的秦淮河滨水

① 刘滨谊.现代景观规划设计[M].南京:东南大学出版社,1999.

设计也应当将防洪的功能作为重点考虑。

图 1-4　常熟沙家浜生态湿地公园

图 1-5　北戴河湿地公园

3. 旅游休闲型

在当今这种高效率和竞争激烈的社会中，人们常常感到身心疲惫，所以旅游休闲类滨水景观就应运而生，而且发展速度越来越迅猛。旅游休闲的滨水景观设计重点考虑城市空间与滨水地区的融合，使之更能适应城市居民的休闲活动和游客的旅游需求，杭州的西湖就是这种类型的典型代表。现在，越来越多的城市都兴建起滨水景观区，使市民有了更多的休闲去处。

三、城市滨水景观的功能

滨水景观区的功能应多种多样，而且不同城市的滨水带会出现一些具有城市特色的功能。如纽约的曼哈顿，其重点就是一个金融贸易区，而一般的滨水景观很少有这种大规模的金融贸易区域。

（一）水路运输功能

水路的运输功能包括货运和客运两方面。在古代，由于陆路交通不发达，水路交通成为一个城市最为重要的支柱。而一些城市的滨水区，尤其是那些靠航运发达而繁荣的滨水区，由于近代陆路交通和航空运输业的发展，航运业不同程度地衰落了，同时工业本身的转变也是引起滨水区衰退的原因之一。但是在某些城市，水路运输还是起着很重要的作用，在意大利的威尼斯，水上交通支撑着整个城市的运输业，成为别的交通工具所无法代替的支柱。而泰晤士河是伦敦货物运输的一条重要通道，特别是承担着建筑用砂石和城市垃圾等大宗货物的运输。而在一些城市的滨水景观中，游船码头也成为滨水景观设计的中心，如重庆的朝天门广场就是围绕着六个游船码头所规划的(图 1-6)。

图 1-6　重庆朝天门广场码头

（二）旅游娱乐功能

城市的水系往往成为整个城市绿地框架中的亮点，特别是城市的滨河地区更是城市绿化的一条脊柱，还被广泛地作为体育与娱乐活动的场所。由于人们对大自然的向往，所以滨水区往往能够聚集很多市民，在滨水区建设旅游娱乐设施是最为理想的。我国古代的风水思想就已经肯定了这一点，而且很多古城的滨水区都成为著名的名胜区，最为著名的应属以西湖十景著称的杭州和“一城山色半城湖”“青山进城，泉水入户”“三泉鼎立、四门不对”的泉城济南了。而巴黎以塞纳河作为城市的一条中心轴线，沿轴线分布着众多具有历史纪念意义、文化以及景观意义的建筑、公园和桥梁等(图 1-7)，坐着小艇游览巴黎成为一个重要的旅游项目，为发展旅游经济提供了基础，改善了人们的生活质量。

图 1-7　巴黎塞纳河沿岸

（三）城市形象功能

在具有自然水体资源的城市中，几乎所有的城市规划都会将滨水区规划成整个城市的形象代表，使滨水区的景观成为整个城市的标志性景观，为整个城市带来了不可估量的经济和社会效益。江南小城常熟以“七溪流水皆通海，十里青山半入城”作为整个城市的整体意象，沿河的建筑都保持着原有的苏州民居“粉墙黛瓦”的特色，创造了一个典型的小桥流水人家的江南水乡格局（图1-8）；而上海滨水区的规划却是以国际大都市的形象出现的，黄浦江两岸刚建成的建筑都是充满了现代风格的高层建筑。

图1-8　江南水乡

（四）生态功能

滨水区是整个城市生物圈中最为复杂的一个环节，因此，对于滨水区来说，尽量保持原有的生态种群是很重要的。在对城市滨水景观的设计中应该体现出滨水区的生态功能，在之后的章节中我们将详尽阐述。

四、城市滨水与城市的关系

（一）河流与城市安全

人类为了生存的需要，在居住选址上绝大多数选择有水源的地方。因此，绝大多数城市依水或跨河而建，河流不仅给城市的居民提供了水源，而且在城市的防御上发挥了重要作用。但是，河流在给人类带来幸福的同时，也会发生洪泛威胁到城市的安全。所以，在城市滨水环境的规划设计中，利用河流水体的多样性或人工来控制城市滨水区的水域变化，从而使河流在确保城市安全的前提下，又能为美化城市发挥作用。

（二）河流与城市交通

城市的生存与发展离不开生产与贸易，而生产与贸易又离不开交通运输系统。在古代，陆路交通方式运输物资，不但运力有限而且速度慢，安全性较差，而水路运输具有运量大、安全性强等优势。因此，河流一直伴随着城市的发展并成为城市对外物资交流的重要载体，一些位于大江大河的港口城市也因此发展迅速。河流不仅承担着城市交通的重任，在一些河流水网发达的城市，它还是人们日常出行的重要途径。如意大利的威尼斯水城、我国的乌镇等（图 1-9 和图 1-10）。

图 1-9　威尼斯水城河道

图 1-10　乌镇的水路交通

（三）河流与城市生态

从景观生态学的角度来看，河流廊道是最具有连续性、生物丰富性、形态多样性的生态系统，其生态功能在养分输送、动植物迁移等方面是其他生态类型无法取代的。而城市化对于地球自然生态系统的破坏是有目共睹的，城市景观的破碎度远高于自然景观。河流廊道作为一个多样性的整体，在城市生态系统中发挥着重要的生态作用。

（四）河流与城市景观及文化

城市河流的景观价值是不可估量的，河流不仅为城市提供了丰富的开敞空间，而且是城市中最有活力和魅力的地区。河流穿过城市不同的功能区域，将相对独立的开敞空间联系在一起，构成一个整体性的步行共享空间，成为市民乐于前往的休闲娱乐的公共交流场所，河流的特殊形态，为人们提供了更加开敞和多样的观景视角。城市河流丰富多样的面貌成为最有利于塑造城市特色的景观，城市中一些重要的建筑纷纷依水而建，沿河展开，城市重要的开放空间节点也以具有良好生态基础的河流为依托来布局。现代城市已经把打造城市水岸生活作为提高城市品质、塑造城市特色的一种有效的模式。河流在城市发展中主宰着城市的空间布局，因此许多城市被授予“水乡”“水城”“桥乡”的美誉，这些名称不仅概括了城市空间形态的特色，也成为城市历史、文化、景观特色的代名词。

第二节　城市滨水景观规划的范畴

一、滨水空间环境范畴

图1-11所示为滨水空间的规划设计范围的示意图。说明：滨

水空间的规划设计范围涉及水体、水边际的交界和亲水活动区域、防洪防潮堤坝以及外围保护地带。滨水空间的规划设计，需要考虑历史文化的承继、城镇的关系、周围山体植被等其他相关的自然与人文条件。

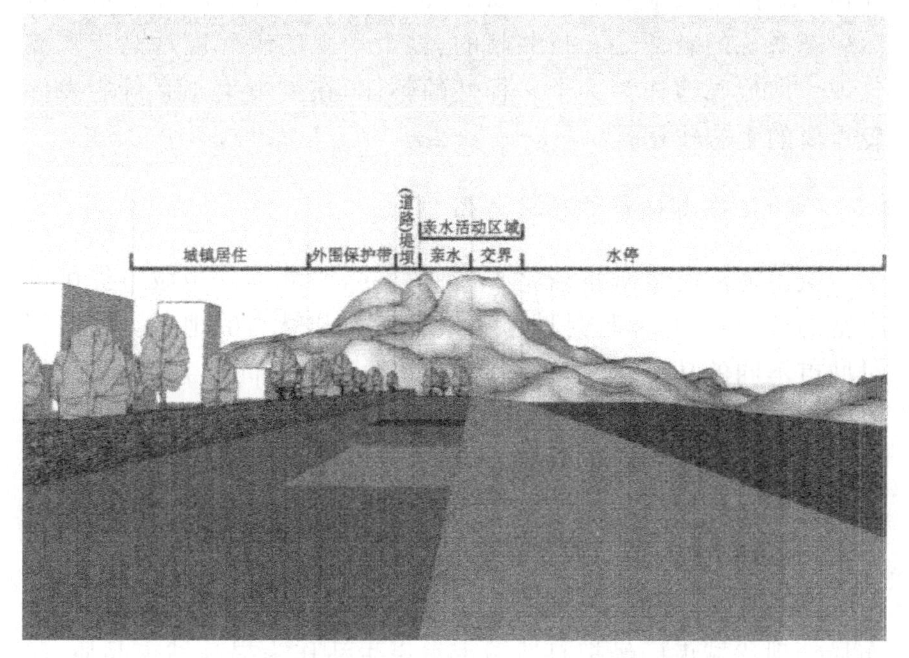

图 1-11　滨水空间的规划设计范围的示意图

（一）滨水空间的红线范围

与建筑设计或者其他相关的环境设计一样，根据城市总体规划和相关上位规划要求，确定滨水空间规划设计的具体范围。一般情况下，这个范围是滨水空间规划设计的核心地带，也是规划与设计的重点，它关系到水域安全、功能合理、形式美观和舒适安逸，具体涉及水域、水边际、防洪区域和堤岸等各个空间界。规划设计重点考虑如下几个方面：①利用主体的使用舒适性；②滨水空间的安全性；③景观及各个功能区域设置的合理性；④水面宽度、水流速度、堤岸强度等水利工程学方面的技术合理性；⑤投资价值的合理性和日常管理的高效性。

（二）滨水空间外围衔接

滨水空间的景观设计不仅要考虑设计红线内的相关情况，还必须兼顾与周边环境的兼容性。例如，滨水空间与周围城市肌理的关联性，如何利用堤岸协助解决城市交通问题，如何利用滨水空间的外围衔接设置停车场以解决使用者停车拥堵问题。

在城市化进程快速发展、城市密度越来越高的今天，城市土地日益成为不可再生的稀缺资源。虽然人们已经认识到，盲目围海、围湖造地、填河造路等破坏水源湿地的危害性，但是沿河、沿海、沿湖建造高密度的城市居住区、商业区和度假地，造成了对滨水空间环境的围堵，不仅破坏了滨水空间的环境景观品质，而且削弱了涵养水源、净化水体的能力，增加了环境的整体负荷。例如，云南昆明市围湖高强度开发，已经使得原本水源补充和水源净化能力都较弱的草海、滇池不堪重负，水体水质已经变成了最差的Ⅴ类水，甚至是劣Ⅴ类水。因此，滨水空间的外围发展应控制整体开发强度，并区别对待不可开发区、严格控制区和控制区，特别需要严格控制危害水体补水和水体净化的区域。

（三）滨水空间控制范围

传统规划体系中，沿水体边界划出一定的范围作为滨水空间的生态保护控制区域，控制人工建设的开发强度和功能，限制建筑密度、容积率和高度，以保护滨水空间的环境品质。例如日本琵琶湖严格控制沿湖岸线200m范围内各种建设项目，以确保湖岸自然景观风貌。然而，单纯地划定保护范围和限制人工建设强度并不能完全解决水体的环境污染问题。近年来的研究表明，非建设性污染已经成为水体污染的重要原因之一。例如昆明滇池西岸规划项目，经研究发现湖边农业用化肥是造成滇池富营养化、蓝藻泛滥的重要因素之一。图1-12所示为昆明滇池西岸保护性规划图。该规划通过分析滇池污染源，特别是农业面源污染的状况，划定生态非开发用地、限制开发地和外围保护性范围。采用集中控制污染原则，优先考虑交通系统、建筑形态体量与景观环境关系。因此，该规划通过产业政策调整，还田于湖，建立生态湿地和水源涵养地，并沿西侧分水岭建立控制性保护范围，以确保滇池水源补充。

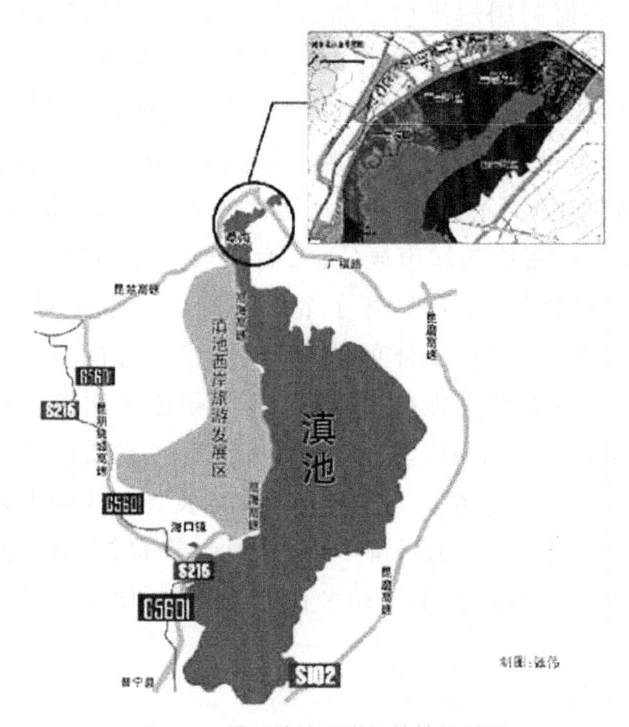

图 1-12　昆明滇池西岸保护性规划图

二、滨水空间的环境更新

（一）功能改变的环境更新

工业革命以后，为了满足工业大生产的需要，许多海滨、河道的滨水空间都开发成为码头、仓储、重化工等工业生产基地。工业设施不仅破坏了自然水岸线的景观质量，还带来环境污染的问题，更重要的是割断了人们接触水体，开展亲水活动的可能性。近年来，随着生产力的快速提高和社会物质文明的高度发展，人们越来越需要提高环境生活品质，追求精神生活的愉悦。

日益衰退的滨水生产设施也越来越吸引公众目光，于是进行了功能改变的环境改造。例如广东中山的岐江公园项目。公园原址是广东中山著名的粤中造船厂，它始建于20世纪50年代初，废于90年代后期。作为社会主义工业化发展的象征，几十年间历经了新中国工业化进程艰辛而富有意义的历史沧桑，岁月侵蚀下，面目全非的旧厂房和荒废的机器设备，给创业者和当地人留下了真实宝贵的城市痕迹。设计师俞孔坚等坚持人与土地的和谐思想，保留了原址的铁轨、厂房支架、裸钢水塔等工业遗迹和设备，将滨河的旧造船厂改造成市民们日常活动的公园。图1-13所示为广东中山的岐江公园总体规划图。说明：利用原有旧造船厂改建的滨水公园。尊重基地原有历史遗迹，保留了中心铁路和船坞的结构龙骨，并以此为重点建立园内交通路径，起到突出重点和烘托气氛的作用。

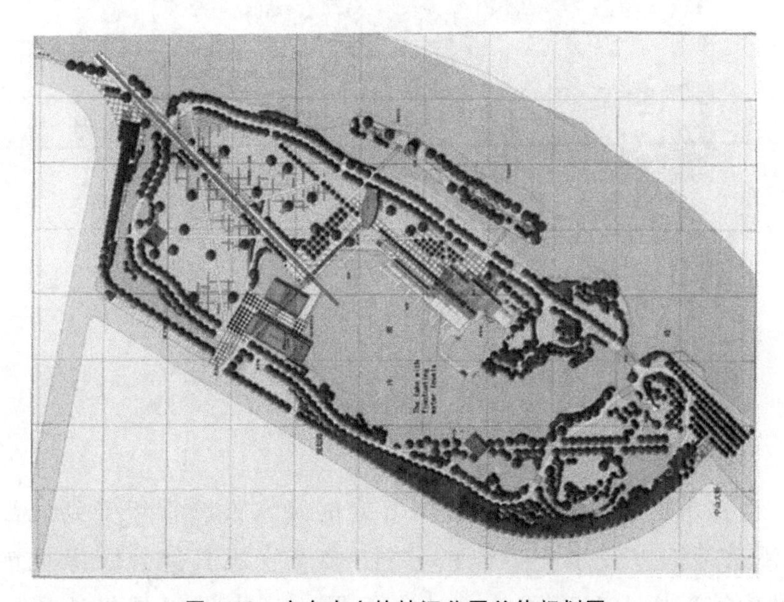

图1-13　广东中山的岐江公园总体规划图

（二）使用方式的环境更新

滨水空间的环境更新并不仅仅局限于物质空间方面的改变，

也指使用方式的改变，即不通过物质技术手段进行大规模的改造，而是赋予其一些新的使用方式或者改变管理方式，通过非营利性为目的的组织机构的推广，从事各种艺术活动、群众性活动等，从而提高滨水空间的环境品质和使用效率。例如，澳大利亚划定部分海滩，用于装置艺术展览。图 1-14 所示为澳大利亚滨海岸的公共艺术展示活动。滨水空间的公共艺术品制作和展示，可以吸引公众的视线和参与，提高滨水空间的文化艺术氛围。

图 1-14　澳大利亚滨海岸的公共艺术展示

三、滨水空间的管理维护

（一）亲水设施的管理维护

设在水面、防洪河槽和堤岸等处的亲水设施常年受到泥沙淤积、涨水浸泡以及水流冲刷的侵蚀，会产生比其他公园绿地更高的维护管理要求和不同的方法等问题。亲水设施是当地居民日常使用的户外设施，由于水的影响较大，应及时维护，以免发生安全意外。如栈桥等水边散步道，由于受到水面涨落、水生植物茂盛，可能发生开裂、变形、锈蚀腐烂，或者在背阴处生长的苔藓等损伤木质设施，应及时发现进行修缮，更换腐烂部件。

（二）水害的安全对应

滨水空间最大的安全隐患就是洪水、潮汐等季节性或者突发性的涨水造成的危害。应该建立应急防御机制，启用取常规巡视和应急巡视相结合的方式。在非洪水季节或一般设防等级下，一般巡视主要视察水位变化，发现亲水设施的安全隐患，并及时维护。在洪水季节或者突发涨水的时候，采取应急联络机制，与城市防洪指挥部等上级管理部门保持紧密联系，提出安全指导意见，说服并禁止居民进入亲水空间，必要时配合行政机构疏导附近居民。

洪水退却后，根据受侵害的程度组织修复维护工作。综合评估达到安全标准后，再对居民开放，恢复正常的亲水活动。

（三）植物的维护

滨水空间水源丰富，日照较好，因此比较适合植物生长。考虑到水涨水落的安全因素，在防洪区域和堤岸的迎水面内，植物设计应该尽量采用低矮的地被植物和灌木。根据观察水情的安全要求，要经常修剪整理。同时，对于地被草本类植物需要进行必要的灌溉和修整，特别是和亲水设施关系紧密的区域，如运动设施、休息设施、儿童活动设施四周，以免发生滑倒、视觉阻碍等，造成安全隐患。

（四）标识系统管理

一般情况下，应该注意有关亲水空间的功能以及亲水设施的安全注意事项、使用规范等标识的设立，防止出现居民使用混乱和纠纷。比如，制定运动设施的使用预约制，介绍使用机制指示牌，防止使用次序上的纠纷。另外，建立安全预警标识系统，防止犯罪、事故和不文明现象的发生。

在洪水、潮汐等涨水或者枯水等特殊情况发生时，实行应急标识机制，设立特殊标识，禁止垂钓、下水捕鱼等。

四、滨水绿地与城市滨水驳岸生态化规划

（一）滨水绿地规划

城市滨水绿地的景物构成和自然滨水绿地之间存在着共同之处。但是，城市滨水绿地并不是对自然的滨水绿地进行的不合理模拟。对于现代城市滨水绿地的景观来说，仅就其构成要素而言，除了构成滨水景观的多种因素如水面、河床、护岸物质之外，还包括了人的活动及其感受等主观性因素。

城市段的滨水绿地形式比较多，应依据其具体的情况对其要素进行合理的布置，下面以邻近市区或市区内比较安静的滨水绿地为例加以论述。

这种滨水绿地的面积通常较大，居民在日常生活中利用也较多，它能为居民提供散步、健身等多种文化休闲娱乐功能。这类滨水绿地的构成要素有草坪广场、乔灌木、座椅、亲水平台、小亭子、洗手间、饮水处、踏步、坡道、小卖店、食堂等。在绿地要素的配置上还要注意下列问题：

（1）应让堤防背水面的踏步和堤内侧的生活道路之间相互衔接。

（2）散步道的设计要有效地利用堤防岸边侧乔木的树荫，设计成曲折、蜿蜒状。同时，在景观效果相对较好的地方设置适当的间隔来安置座椅。

（3）设计一个防止游人跌落入水中的措施。

（4）在低水护岸部位以及接近水面的地方设置一个亲水平台，以满足游人亲近水面的需求。

（5）应尽可能地让堤防迎水面的缓斜坡护岸在坡度上有一定的变化，并铺植一些草坪。以防景观太过于单调，并适当地增加一些使用功能（图1-15）。

图 1-15　滨水绿地设计效果

（二）城市滨水驳岸生态化规划

人类各种无休止的建造活动，造成自然环境的大量破坏。人们更加关注的是，经济的增长和技术的进步。然而，当事物的基本形态有所改变时，人们的价值观也会发生变化。为了保护我们的生存环境，我们应该抛弃所谓的“完美主义”，对人为的建造应控制在最低限度内，对人为改造的地方应设法在生态环境上进行补偿设计，使滨水自然景观设计理念真正运用在设计实践中。

建设自然型城市的理念落实在城市滨水区的建设中，对河道驳岸的设计处理十分重要。为了保证河流的自然生态，在护岸设计上的具体措施如下。

1. 植栽的护岸作用

利用植栽护岸施工，称为“生物学河川施工法”。在河床较浅、水流较缓的河岸，可以种植一些水生植物，在岸边可以多种柳树。这种植物不仅可以起到巩固泥沙的作用，而且树木长大后，在岸边形成蔽日的树荫，可以控制水草的过度繁茂生长和减缓水温的上升，为鱼类的生长和繁殖创造良好的自然条件（图 1-16）。

图 1-16　植栽护岸

2. 石材的护岸作用

城市滨水河流一般处于人口较密集的地段，对河流水位的控制及堤岸的安全性考虑十分重要。因此，采用石材和混凝土护岸是当前较为常用的施工方法。这种方法既有它的优点，也有它的缺陷，因此在这样的护岸施工中，应采取各种相应的措施，如栽种野草，以淡化人工构造物的生硬感。对石砌护岸表面，有意识地做出凹凸，这样的肌理给人以亲切感，砌石的进出，可以消除人工构造物特有的棱角。在水流不是很湍急的河段，可以采用干砌石护岸，这样可以给一些植物和动物留有生存的栖息地(图 1-17)。

图 1-17　人工垂直驳岸

五、建筑与滨水景观设计关系的规划

滨水区沿岸建筑的形式及风格对整个水域空间形态有很大影响。滨水区是向公众开放的界面,临水界面建筑的密度和形式对城市景观轮廓线有着重要的影响:靠近滨水区沿岸的建筑应适当降低密度,保证视觉上的通透性。注意建筑与周围环境的结合。可考虑设置屋顶花园,丰富滨水区的空间布局,形成立体的城市绿化系统(图 1-18)。

图 1-18　滨水公园效果图

另外,还可将底层架空,使滨水区与城市空间形成通透视廊.这不仅有利于形成视线走廊,而且能形成良好的自然通风,有利于滨水区自然空气向城市内部的引入。建筑的高度在符合城市总体规划要求的基础上,还需根据滨水区环境的特点考虑建筑设计的高度,并在沿岸布置适当的观景场所,设置最佳观景点,保证在观景点附近形成优美、统一的建筑轮廓线,以达到最佳视景效果。

在临水空间的建筑、街道的布局上,考虑留出能够快速、容易到达滨水区的通道,便于人们前往进行各种活动。另外,还要考虑周围交通流量和风向等因素.可使街道两侧沿街建筑上部逐渐后退以扩大风道,降低污染和气温。

建筑造型及风格也是影响滨水区景观的一个重要因素。滨水区作为一个开敞的空间，沿岸建筑成为限定这一空间的界面。而城市两岸的景观不再局限于单纯的轮廓线，具体到单体建筑的设计上，要与周围建筑形成统一、和谐的形式美感。

六、滨水区与交通构成元素关系的规划

道路与城市滨水区景观有着密切的关系，它既要符合城市规划的要求，又要和滨水景观区紧密结合。景观区中的道路不仅要考虑水上交通和陆上交通的连贯性，还要考虑车流和人流的分离。滨水区环境中除了交通道路以外，还有很多辅助的交通枢纽，如码头、桥梁等，这些意象元素是滨水景观中所特有的，它们成为滨水景观中的亮点。

桥梁可能是滨水景观中最富有特色的意象元素，因为它只有在河道景观中才会出现，桥梁将两岸的交通联系在一起。桥在滨水景观中很难分清楚到底是节点还是标志物，如江南水乡的拱桥，串联了整个威尼斯水城的各种桥梁，形成了一系列连续的节点，而美国的金门大桥和悉尼港湾大桥又成为了整个城市的标志性建筑。桥梁在滨水景观中还有另一种作用，由于它的存在，使原来较为平坦的滨水景观带构成了多维的空间，使得滨水景观更加丰富多彩。

码头是滨水景观带中特有的节点元素，它既有交通运输枢纽的功能，又可以使滨水更具独特的风韵。当我们探寻江南水乡的历史痕迹时，人们一定会提到小桥和河道中的各种码头。这些码头曾经给他们的生活带来了便利和乐趣，昔日这些码头是妇女们淘米、洗菜、洗衣物，孩子们戏水的场所。同时，这些码头也是他们坐船出行、运输物资的交通港，而且这些码头还增加了水和人的亲和力。如今，在我国乌镇还能领略到镇中人们的市井生活，其成为现存的唯一枕水而居的水乡小镇。在现代城市滨水景观规划设计中，像这种与自然面对面的对话在现代都市生活中已经很少见了。

第三节　城市化背景下滨水景观的设计原理与方法

一、城市滨水景观设计的原理

（一）滨水与自然环境的融合

中国的大多数城市人口密度较高，在城市建设的过程中，应遵循将城市与景观高度融合的空间发展模式。在我国经济较发达的东南部地区，水网密布，其工业、农业和城市的发展与水文因素紧密地联系在一起，为了保障城市的可持续发展，水体和滨水区是城市景观规划中的重要因素。保证城市良好的水资源，对城市经济建设与开发具有多元的价值，城市的发展既需要保持安全的水位，又需尽可能地保留足够的、洁净的地表水，以保持生态的平衡。滨水设计的首要作用在于保持尽量多的水体在地表。滨水设计是一个综合复杂的过程，在对重要的资料如水文、土壤、滨水生态状况，交通和各项设施的规划，以及经济发展的可行性等有了充分了解后，还需综合考虑地表水的容量和面积、自然净水的能力、生态水岸等各方面因素，形成一个综合的设计方案，以实现城市与景观的真正融合。

（二）滨水景观设计时尽量突出特色魅力

河流的魅力可以分为两个方面，即河流本身及其滨水区特征所具有的魅力，以及与河流的亲水活动所产生的魅力。从河流滨水的构成要素来看，这些魅力主要包括河流的分流和汇合点，河中的岛屿、沙洲，富有变化的河岸线和河流两岸的开放空间（图 1-19），河流从上游到下游沿岸营造出的丰富的自然景观，还有河中生动有趣的倒影。沿河滨水区所构筑的建筑物、文物古迹、街道景观以及传统文化，都显现出历史文化和民俗风情所具有的魅力（图 1-20）。河水孕育了万物，是生命的源泉，充满活力的水中动物表现出生命的魅力。河流滋润了河中及两岸滨水的绿色植物，不同的树木和水生植物表现出丰富的美感，营造出无限的自然风光，是河流滨水区最具魅力的关键要素。当人类在滨水区进行生产、生活、休闲娱乐时，滨水区的魅力从人们愉悦的表情中充分体现出来；人们那种愉悦的表情，各种活动的本身和其他魅力要素构成了滨水带场所精神的全部，也是人们感受到河流魅力的重要原因。

图 1-19 瑞士琉森小镇

图 1-20 西塘水乡风貌

（三）对滨水区所具有的价值进行重新评价

城市中的大多数滨水区不仅有着丰富的自然资源，具有优美怡人的景观环境，而且成为市民向往的休闲娱乐场所，它与周边的自然环境、街道景观、建筑物构成有机的整体，并对当地的文化、风土人情的形成产生重大影响。因此，我们需要对滨水区所具有的价值进行重新评价，这对具有多种功能的滨水区用地结构的规划和更新有着重要的现实意义。

（四）滨水景观设计要突出人文特色

当今科学技术和信息化技术影响人类社会生产生活的方方面面，它给人类社会带来的进步与发展有目共睹；但科学技术与信息技术全球化的结果却大大推进了场所的均质化，均质化的象征就是“标准化”“基准化”“效率化”，作为城市整顿建设的目标，千城一面成为市民对我国城市建设的善意评价，城市化的进程使得人类正在遮掩体现生命力的痕迹。

在全球化的今天，学术界谈论最多的是民族性、地域性和个性化，作为城市环境的个性特色，它包含了自然景观的特色，历史的个性，人为形成的个性，这些个性特色是构成滨水区景观特色的要素。例如，南京秦淮河滨水区石头城公园（图 1-21），是秦淮

图 1-21　南京石头城公园

河滨水区的其中一段，沿河一侧环绕着具有几百年历史的明城墙，这些遗迹充分展现了历史的特色与价值，而由特殊的地形地貌所形成的人脸造型又赋予了滨水区更多的传奇故事和人们的想象，形成一种特有的景观特色。如何将滨水环境特色反映在景观的规划设计中，是设计师需要研究的重点之一。

二、城市滨水景观设计方法

（一）视觉形态法

不同的滨水环境具有不同的风貌特征，即在人们面前所展现出的不同视觉形态。利用这种视觉形态上的差异进行滨水空间设计的方法便是视觉形态法。

凯文·林奇在其著作《城市意象》中，论述了区域和城市视觉形态对于一个城市设计成功与否的重要性，并认为，“清晰性”或者“可读性”在城市布局中关系重大。为了说明环境意象在城市生活中的重要性，他列举了3个美国城市的中心区进行分析，分别是波士顿、新泽西和洛杉矶。通过利用图像汇集城市意象中的主要难点，即混乱、节点的不确定性、边界模糊、孤立、连续中断、含糊不清、分叉、缺乏特征与个性等，进行进一步的规划设计。事实上，这种规划设计方法就是从视觉感受出发，进行完善环境意象的工作。调查发现，人们往往会更加关注和谈论诸如植被、水面等景观特征，空间与景观广度在城市意象中非常重要。例如，波士顿的查尔斯河沿岸的滨水景观占据景观的主导地位，它提供了引入市内的宽广的视觉走廊，整合了绝大多数的城市元素，查尔斯河沿岸连续的滨水景观带充当了城市的重要视觉结构，使城市具有生动的景观特征，为城市创造了良好的环境意象（图1-22）。①

① 图片来源于“波士顿与查尔斯河的关系”，凯文·林奇著，方益萍，何晓军译，《城市意向》。

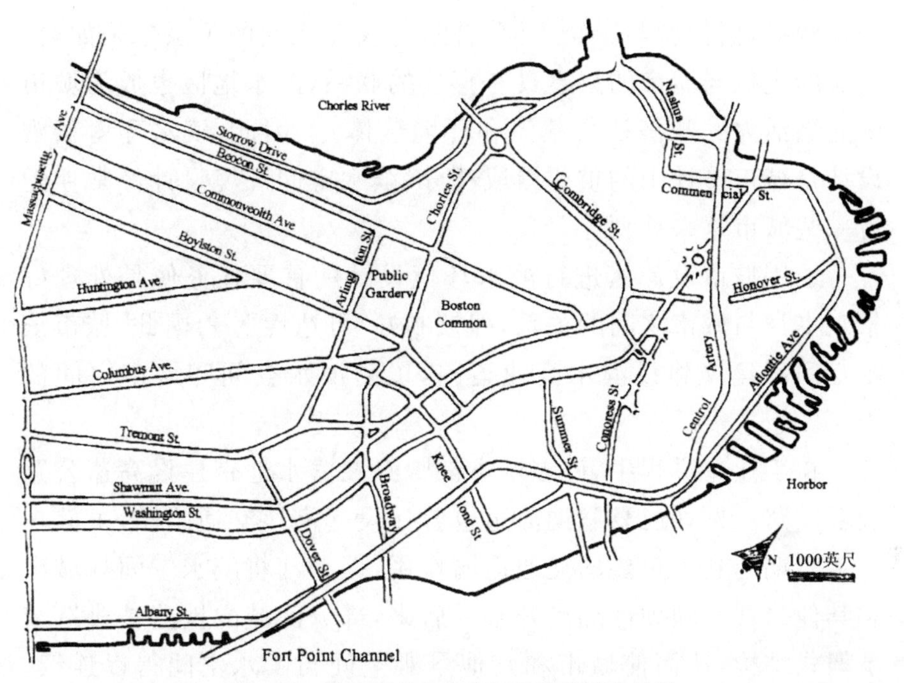

图 1-22　波士顿的查尔斯河沿岸的滨水景观

凯文·林奇对于视觉形态方面提出的理论研究关注的对象范围不仅广及城市,也同样适用于具体的滨水环境设计。虽然许多景观设计师并未将其设计思想和理论与林奇的思想联系起来,但实际上我们在类型学上可将它们共同归为视觉形态法。

当今,运用视觉形态法进行滨水空间设计仍然是常见的滨水空间的处理手段和出发点。源于与自然和谐统一,或者体现艺术特色和场地文脉的视觉形态无可非议,然而也要避免将滨水空间环境设计当作形象工程对待等问题。

正是因为绝大部分景观设计都是“可视景观”,因此,视觉形态法常常与其他设计方法并存。

（二）城市设计法

世界上的许多城市都是依河而建,城与水之间的关系密不可分。例如我国苏州遍布全城的水道以及具有滨海特色的青岛;再如法国巴黎的城市建设以塞纳河为中心、道路呈辐射状沟通城市交通网络，而伦敦与泰晤士河、首尔与汉江之间的关系也是如此。河流的生机与城市的兴衰具有直接的联系，滨水地区也成为城市中充满活力的经济社会载体和环境载体。[①] 因此，滨水环境景观设计是城市设计中的重要组成部分，滨水空间环境设计经常伴随着一些城市复兴计划。

运用城市设计法进行滨水环境设计的首要任务便是处理好景观本身与城市之间的关系，即控制好"可达性"。[②] 因此，城市滨水空间不建议建设滨水高速道路，以防滨水空间和城市之间的隔离。

在工业化进程中，许多城市都曾经在滨水地带建设高速公路或者铁路。例如巴黎塞纳河边也曾建设起高速交通线路，虽然在一定时期起到了重要的交通运输作用，但是却将滨水空间与城市和其他景观空间硬性隔离开来。后来，部分区域的铁路被改造成高架式结构，从而使城市和其他景观空间与滨水空间得以连续。这一点从雪铁龙公园南部与塞纳河河滨相接的区域处理就能够体现出来。

因此，注重可达性和城市综合发展便是运用城市设计法进行滨水空间景观设计的核心内容。今天，位于城市中的滨水空间景观项目脱离不开城市设计法的思想理念。

（三）场地文脉法

场地文脉法的要点便是从场地历史文脉出发，致力于延续特定场所的历史和乡土文化，挖掘场地环境的历史文脉，收集各种

---

① 广州市城市规划局.滨水地区城市设计[M].北京：中国建筑工业出版社，2001.

② 根据抽样调查，良好的水陆环境对于人的诱导距离为1～2公里，相当于步行15～30分钟的距离。如果利用自行车、汽车、地铁等现代交通工具的话，诱导圈会更大。进行滨水空间规划时，切忌将滨水空间与城市空间相隔离，要做到融入城市空间，共享城市生活，通过交通线路与城市网络紧密连接，城市肌理延伸入水滨，使滨水空间与城市密切联系，保证城市区域到滨水环境的可达性和易接近性，保证城市空间结构的连续性。

信息，把握主题定位。今天，越来越多的设计师将场地文脉作为景观设计的基本出发点，滨水空间景观设计也不例外。不同的场地文脉引发出景观基址地特征的不同，从而使景观设计具备仿佛自然生成一般的可读性。

（四）功能设计法

功能设计法从某种角度上也可被称为人本主义设计法，即从人的心理和行为活动需要出发进行设计的方法。运用功能设计法进行滨水空间景观设计，就是从滨水空间活动类型出发，塑造具有明确功能的滨水景观。设计中，应避免建设单一功能环境，创造多功能、灵活度高的活动空间。例如，①休闲散步型，老人、情侣、游客在悠闲地散步、座谈等；②户外活动型，在河边放风筝、垂钓、游泳等；③集会型，赛龙舟，水上音乐会、灯火晚会等。④休闲运动型，划船、赛艇比赛等。不同年龄层次的人对亲水活动类型的要求是有差别的，人们在滨水区的亲水活动有时是多方面的、综合性的，这些也是亲水设施导入需要关注的问题。

（五）生态设计法

1. 生态化设计的工作方法

主要是针对规划设计红线内，场地基本认知的描述，一般采用麦克哈格的“千层饼”模式，以垂直分层的方法，从所掌握的文字、数据、图纸等技术资料中，提炼出有价值的分类信息。具体的技术手段包括：历史资料与气象、水文地质及人文社会经济统计资料；应用地理信息系统（GIS），建立景观数字化表达系统，包括地形、地物、水文、植被、土地利用状况等；现场考察和体验的文字描述和照片图像资料。

2. 过程分析

过程分析是生态化设计中比较关键的一环。在城市河流景观设计中,主要关注的是河流城市段流域系统的各种生态服务功能,大体包括:非生物自然过程,有水文过程、洪水过程等;生物过程,有生物的栖息过程、水平空间运动过程等,与区域生物多样性保护有关的过程;人文过程,有场地的城市扩张、文化和演变历史、遗产与文化景观体验、视觉感知、市民日常通勤及游憩等过程。过程分析为河流景观生态策略的制定打下了科学基础,明确了问题研究的方向。

3. 现状评价

以过程分析的成果为标准,对场地生态系统服务功能的状况进行评价,研究现状景观的成因,及对于景观生态安全格局的利害关系。评价结果给景观改造方案的提出提供了直接依据。

4. 模式比选

生态化设计方案的取得不是一个简单直接的过程。针对现状景观评价结果,首先要建立一个既有利于景观生态安全,又能促进城市向既定方向发展的景观格局。在当前城市河流生态基础普遍薄弱,而且面临诸多挑战的前提下,要实现城河双赢的局面,就要求在设计上应采取多种模式比选的工作方式,衡量各方面利弊因素。

5. 景观评估

在多方案模式比选的基础上,以城市河流的自然、生物和人文三大过程为条件,对各方案的景观影响程度进行评估。评估的目的是便于在景观决策时,选择与开发计划相适应的模式比选的工作方式,这可以为最终的方案设计树立框架。

6. 景观策略

在项目设计中,则根据前期模式制定性条件,提出针对具体问题的景观策略和措施,由此可以最终形成实施性的完整方案。

以上六步工作方法是渐进式的推理过程;其中每一步骤的完成都能产生阶段化的成果,即使没有最终的实施策略,之前的阶段成果也能为城市河流景观的生态化战略提供指导性建议。

(六)综合设计法

鉴于滨水空间的多重特征及其多学科的合作性特点,其景观设计通常采用的设计方法是综合设计法。当前,社会发展和人们需求的多样化和多角度决定了任何景观设计都不可能从一个角度出发,或者是采用某一种设计方法进行设计,滨水空间景观设计也不例外,需要多种设计方法的综合,以达到多样化的需求。

除了上述介绍的滨水空间景观设计方法之外,在西方,许多国家都将环境影响评价和公众参与作为滨水空间开发设计的重要内容。成功的滨水空间景观设计应具备人工和自然、水生和陆生双重系统的特征,也就是做到人与自然的融合。

三、滨水景观设计步骤

(一)设计核心目标

1. 确定目标

设计目标最终可以用景观环境目的、社会目的、经济目的来解释和阐述。

景观环境目的:确保区域生态环境的平衡,保护和修缮历史性纪念物,种植植物,修建散步道、绿地、雕塑小品,共同确保整个滨水区域环境品质的提高。

社会目的:促进亲水活动的展开,保障居民参与公共交流和公共生活的权利,如休息、交流、游戏、庆典、观察和保护玩耍的孩子,参加教育、文化的各项社会公共活动。

经济目的:满足一定收益的投资回报率,符合商业、经营业务活动等追求营利性质需要。

2. 明确重点

根据设计目标确定设计重点，一般情况下，保护和合理开发滨水空间，创造安全、舒适的亲水活动场地，改善和提高居民的生活环境品质是设计的重点。特别是滨水空间的生态环境保护，无论是哪种目的的滨水景观设计都应该明确重点。

3. 设定设计流程

根据设计目的和重点，制定调研分析的重点，细化景观设计流程。

（二）环境对象描述

1. 环境要素

自然景观：周围的山体、水体、桥梁、植被、地形、环境色彩等。

自然环境：正常情况下的气候、气温、降水量、主导风向、日照情况、地形情况和特殊情况下的条件，如50年一遇、100年一遇的洪水位。

人工构筑环境：现有滨水空间的土地使用状况、建筑物和构筑物状况、市政基础设施、屋外设备安置状况等。

周边交通现状：周围街道空间容量、公共交通状况和停车场容量。

周边公共服务设施：运动设施、文化设施、商业服务设施，以及电话亭、售报亭、公交车站、标识等公共服务设施。

条件和倾向：周边可以借景的自然景观、有利的自然环境要素和公共服务条件；需要克服的噪声、空气质量，街道、停车场、公共交通的改良可行性分析，以及对该区域整体兴衰的预测和判断。

2. 社会要素

人口的社会属性：居民、就业者、游客等社会属性和可预测的将来使用量、增减量。

活动行为类别和频率：运动、散步、闲谈、野营等休闲娱乐活动种类、使用频率和要求等。

条件和倾向：社区居民参与公共生活、公共交流活动的意愿，社会开放程度，公共场所的发案率和危害性的评估。

3.经济要素

现有土地和各种现存设施的所属情况：政府、企业团体、个人持有情况和构成比例，各种设施出租情况、收益和税率。

现有设施的经营状况：业态功能（商业设施、管理设施、公共服务设施等）、位置和构成比例、各种设施的经营状况、雇用人员数量、公共服务水准状况等。

条件和倾向：不动产价格、空置率、投资倾向等。

4.调研取向

除了获取相关数据以外，现场的调研取证非常重要，特别是对于使用者或者未来的使用者、管理团队的调研至关重要。至少包括以下几个方面：

(1)使用者要求：年龄、性别、职业、家庭状况等社会属性，使用距离、使用频率、使用理由和满意度等。

(2)潜在使用对象的使用意识：年龄、性别、职业、家庭状况等社会属性，生活习惯、使用意识和条件要求。

(3)管理机构的要求：管理机构和群众组织的要求。

（三）既往研究与相关设计案例收集分析

(1)收集分析相关滨水空间的最新研究成果，从生态学、设计学环境行为学、美学等各个方面加以分析整理，找出符合现状设计条件的依据。

(2)分析类似的成功案例，结合现状设计条件，找到解决问题的突破口。

(3)收集整理相关滨水空间的细节设计,诸如驳岸、滨水道路铺装、植栽方式、公共艺术处理、环境色彩搭配等,开拓设计思路,找到快捷有效的设计路径。

(四)场地分析与评估

(1)调研结果的分析整理,利用图示法找出场地的主要景观特征,发掘滨水景观的魅力和空间环境的显在价值、潜在价值。滨水空间的魅力包括:河川、湖泊、海滨等水体特有的自然景观魅力;水流姿态的魅力(静水面、急流、缓流、浪花、水量等);周围自然环境的魅力(远山、植被、云雾、夕阳等);滨水地区丰富的动植物的魅力(鸟类、昆虫、鱼类、水生植物等形成的自然野趣场景);现有的亲水活动的魅力(垂钓、散步、野营、节日活动等人为活动场景)。

(2)通过“千层饼”场地分析法或者理地学的 GIS 分析法,利用数据库和计算机辅助,从技术层面上客观地分析场地景观环境条件。

(3)评估环境品质,提出改善景观环境措施和方法。

(五)策划与概念形成

(1)制定滨水空间规划与设计的基本思路。

(2)从现有滨水条件出发,制定可实施亲水活动设施类别和所需环境条件。

(3)通过滨水空间的景观环境改造,结合现在的亲水活动和将来的区域整体要求,提出亲水活动的具体类别。从使用频率上将其分为日常性和非日常性临时的亲水活动,力求做到两者的互不矛盾,和谐共处。例如,需要在特殊节日举行划龙舟比赛(非日常性活动),就不能大量占用水面设置横跨水面的散步桥廊、堤岸,也不适宜在水面上建立岛状的观察水鸟生活栖息的设施,也不能大量栽种芦苇等水生植物等。

(4)规划亲水活动设施,提出规划和设计细则。从亲水活动的角度考虑设施的配置，例如亲水栈道、散步道、座椅、自行车道、足球等运动场地、休息廊亭饮水装置等，并兼顾区域整体需求可设置停车场、安全疏散广场、大型游戏设施、商业设施等。同时，根据特殊滨水空间的生态特征，例如候鸟迁徙的栖息地、珍稀动植物生活场地等建立相关观察、研究设施。

（六）设计深化

(1)制作滨水空间的景观设计总平面和相关功能分析图，深入探讨方案的可行性。

(2)细化设计各个功能空间。

(3)深化安全和疏散应急设计。

(4)设计雕塑、小品、构筑物，提高环境艺术性。

(5)完善驳岸、铺装、植栽、材料工艺等设计细节。

（七）设计结果的预测

(1)召开专家论证会，探讨设计成果对滨水生态环境的影响、地区形象和景观环境品质的改善、亲水活动的展开等，进行综合环境预测，提出修正意见。

(2)征求管理部门和群众社会团体的意见，节约今后管理成本，提高管理的便利性。

(3)听取使用者、未来使用者或者使用者代表的意见，归纳整理使用者建议。

（八）设计修正

根据设计预测结论，及时调整规划与设计方案，完善设计方案。

第二章　城市滨水景观规划设计的要素

城市作为物质的巨大载体，它运用具体的形象为人们提供一种生存的环境空间，并在精神上长久地影响着生活在这个环境中的每个人。城市环境景观设计是一个庞大的体系，包括多方面的内容，因此要对各个细部要素有明确的分析和规划。

第一节　水生态系统

一、水的基本形态

自然界的水有多种形态，像泉、池、溪、涧、河、湖、海等。根据水流走向，以及不同的边界、坡度、力等因素，这些水体形成了不同的景观。

虽然水的自然形态多种多样，但物理形态只有三种，即液态、固态（包括雪、冰、雹）和气态（包括蒸汽、雾、云）。大多数水都是液态的形式，遇到温度等因素的影响会出现固态和气态的变化（图 2-1）。

（一）液态

液态是水的常态，液态水有静态和动态之分。静态的液体有水的肌理，粼粼起伏的微波、潋滟的水光，给人以明快、恬静、休闲的感觉。动态的水体有流水、喷、溅等多种形式。流水根据水流大小、力量态势等的不同，会出现涓涓细流、湍急水流、悬泉瀑布、惊涛骇浪等多种形式，给人以明快、活泼、富于变化的多种感受。

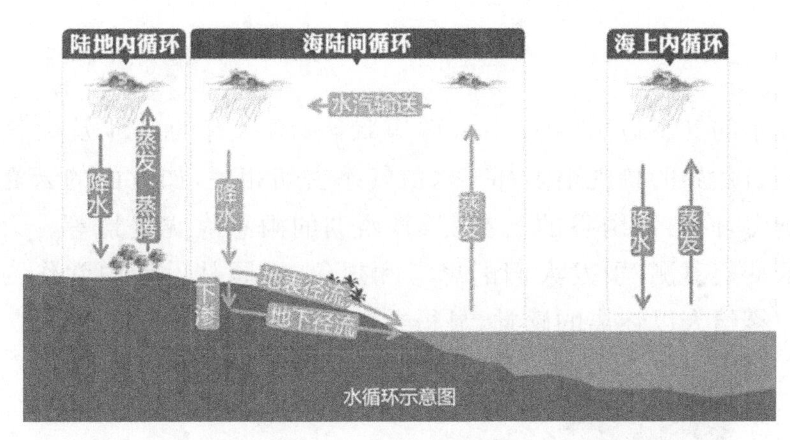

图 2-1　地球上的水循环

（二）固态

水的固态呈冰、雪、雹的形式。自然的冰雪是季节变化的象征：冬天的北国风光，千里冰封，万里雪飘，别有一番意境。人们去滑雪、滑冰，甚至在园林中踏雪寻梅，充满了诗情画意，获得美的享受，心情也十分舒畅。在一些特定的地区还可以进行雪塑、冰雕，情趣盎然，令人向往（图 2-2）。

图 2-2　冰雕造型

(三)气态

水的气态以云、雾、小水珠等状态存在,有的已涉及大气范围。自然界的景观很多都与水的气态密切相关,如黄山的云雾猴子观海,庐山锦绣谷的云雾变幻,西湖的雨意朦胧美景等。天空的云变幻莫测,引发人们的思考和想象,在园林设计中常作为背景。雾给人以迷离的感觉,显得柔和而神秘(图 2-3)。

图 2-3 烟雨西湖

二、水的特性

水是生命中不可缺少的因素,也是景观创作的重要元素之一。自然情况下有流动的水、静止的水和在外力作用下产生的运动的水。水在重力的影响下流动,顺势而下,形成江河、溪流、瀑布,相对静止的水则形成湖泊、池塘和海洋。在外力作用下(分为自然外力和人工外力,包括风、地震、人工加压等),自然的水会产生波浪、波纹、跳跃、滴落和喷发等各种变化(图 2-4)。

水的另一个特性便是易引发人们心理上的情感。

中国传统风水上认为水为财,山为靠,背山面水是较好的场地选择。

图 2-4　微波粼粼的宏村

水的气势会给人们带来不同的心境:我们会感受奔腾的大河和瀑布带来的一泻千里、豪迈的气势(图 2-5),也会静静地观赏池塘映月、潺潺溪流的抒不当情,或者水花跳动带来的惊喜;我们也会欣赏雨中西湖的别有洞天,雾中黄山的婀娜多姿。

图 2-5　奔腾中的黄河

在某种宗教意义上,水被看作生命的源泉。在古希腊哲学思想里,水被看作是构成我们所生活的世界的四种主要元素之一。

把水作为一个设计要素的人对水的这些情怀、符号和精神寓意的理解会有助于其在设计中合理利用水来造景。

三、水与生存环境

为了确保城市水源和污物排放,城市选址多以江河湖等淡水资源丰富区域作为首选,同时还利用水的屏障起到保护城市作用。

(一)水绕城的防御体系——淹城

淹城位于江苏常州市南面,始建于春秋晚期,遗址东西长850m,南北宽750米,面积约0.65km^2,是我国西周到春秋时期地面古城遗址中保存最完整的一座。与一般中国传统古城一河一城形制不同,淹城是非常罕见的三城三河形制的城市水道防御布置,正好和《孟子》中“三里之城,七里之廓”的记载相吻合。由里向外,由子城、子城河、内城、内城河、外城、外城河“三城三河”层层相套组成。子城,俗称“王城”,又称紫罗城,呈方形,周长500m;内城,亦称“里罗城”,呈方形,周长1 500m;外城,也叫“外罗城”,呈不规则椭圆形,周长2 500m。另设有一道周长3 500m的外城廓(图2-6)。

淹城的护城河是平地开挖形成的,其形制显示了当时人们对龟十分崇拜,深受龟文化的影响。挖河的土堆砌成墙,因淹城土质黏性较大,所以筑城墙时平地起筑,不挖基槽不经夯打,一层一层往上堆土。城墙断面均呈梯形,现高3～5m,墙基宽30～40m。护城河宽30～50m,局部宽达60m,深4m。

最能体现其防御特性特色的是进出淹城没有陆路,外城门、河内城门均为水门,仅能通过水道划船进出。另一个特点是必须按照一定的行船路径才能入内城,即在外城墙的北侧偏西处进入,沿着脚墩、肚墩、头墩,由西向南行,直达外城墙的南端。再沿两处头墩的南北两侧东折进内城河,才能到达宽约2m的子城门,进入最核心的子城区域。

图 2-6　淹城遗址

（二）水乡之城——苏州

江南地区水网密布，水运交通发达，素有“水巷”的说法。街道房屋沿两岸布置，市井、街道、水路交汇，故小规模的城镇常沿河展开，形成带状分布格局，如南浔古镇。而相对较大的市镇，也因交叉河道水网的布局形成诸如十字形、井字形而呈有一定纵深的块状布局。如明代的松江府，城内街道系统和河道水路系统并存，共同构成城市交通网络。

苏州城是建城早、规模较大的典型的江南水乡城市，又被称为“东方威尼斯”（图 2-7）。城址位于纵横交错的河网之上，充分利用水路交通的便利性，形成“水陆并行、河街相邻”的双棋盘格局。水路交通系统也有主次之分，即主要河道组成通向城门的主河道，与主河道相连的众多分支河道，通往各家各户。为了便于行船和不迷失方向，苏州城内水网形成“三纵三横一环”的河道水系。用类似于现代道路体系的方式，形成苏州城水陆两套体系，既高效，又形成了小桥流水人家的城市风情。市民无论外出、购物、社交都离不开河道，河道同时也起到排污和清洁城市的作用。

图 2-7 苏州水巷街景

苏州水巷与威尼斯水城都是建立在原有水网上的城市，但是两者除了城市色彩和建筑形式方面的差异，还有一个很重要的区别。苏州城是在原有水网基础上进行适度规制，形成水陆通道兼顾、主次明确的交通体系，并在此基础上，形成前水后街、前街后水为主要格局的城市风貌。而威尼斯水城是完全依托原有水系，因势就势建造，部分建筑架空建造于水面上，造成部分完全依托水上交通的前水后水的孤岛形态格局(图 2-8)。

图 2-8 威尼斯城市格局

第二节　道路系统

一、滨水景观道路的设计原则

滨水道路是指在城区内外沿江、河、湖、海、溪流等水系为方便行人而修建的道路，包括步行道、自行车道。滨水道路的设计原则如下：

(1)滨河步行道与自行车道：为使滨河景观具有观赏性，应满足游人能接近水面，沿着水边进行散步的需求。自行车道路线的设计上，尽量不设小半径的弯道，按景观的观赏性应设置成大弯道或直线道，并且道路应尽量宽些。在两车道的交汇部位，为避免交通事故，需设置自行车减速路障，方便行人优先通过。还需考虑禁止自行车驶入步行道。在设置停车场时，旁边有种植植物等调整，与周围环境取得协调(图 2-9)。

图 2-9　滨水步行道

(2)驳岸的使用：为了保护江、河、湖岸免遭波浪、雨水等冲刷而坍塌，需修建永久性驳岸。驳岸一般采用坚硬石材或混凝土，顶部加砌岸墙或用栏杆围起来，标准高度为 80cm 至 100cm，沿河狭窄的地带应在驳岸顶部用高 90cm 至 100cm 的栏杆围起来，或将驳岸与花池、花境结合起来，便于游人接近水面，欣赏水景，大大提高滨水林荫路的观赏效果。

(3)临近水面的散步道：宽度应不小于 5m，并尽可能接近水体。如滨水路绿带较宽时，最好布置成两条滨水路，一条临近干线人行道，便于行人往来，另一条布置在临近水面的地方，路面宽度宜大，给人一种安全感。

一般景观的景观道路分以下几种：①主要道路：贯通整个景观，必须考虑通行、生产、救护、消防、游览车辆。宽 7～8m。②次要道路：沟通景区内各景点、建筑，通轻型车辆及人力车。宽 3～4 m。③林荫道、滨江道和各种广场。④休闲小径、健康步道。双人行走 1.2～1.5m，单人 0.6～1.0m。健康步道是近年来最为流行的足底按摩健身方式。通过行走卵石路上按摩足底穴位既达到健身目的，同时又不失为一个好的景观(图 2-10)。

图 2-10　滨水休闲小径

二、滨水景观道路的设计应用

景观规划中的景观道路，有自由、曲线的方式，也有规则、直线的方式，形成两种不同的景观风格。在路线的设计中，路线特征、方向性，连续性以及路线的韵律与节奏等设计手法的应用，充分考虑路线与地形及区域景观的协调。

直线线形带有很明确的方向，给人以整齐简洁之感。但直线型道路从视线上看比较单调、呆板，静观时路线缺乏动感。除平坦的地形以外，直线很难与地形协调。因此，直线的应用与设置一定要与地形、地物和道路环境相适应。

曲线线形流畅，具有动感，在曲线道路前方封闭视线形成优美的景色。而且曲线容易配合地形与地形现状相结合，组合成优美的道路图案。

景观道路也可以根据功能需要采用变断面的形式。如转折处不同宽狭；坐凳、椅处外延边界；路旁的过路亭；还有道路和小广场相结合等。这样宽狭不一，曲直相济，反倒使道路多变，生动起来，做到一条路上休闲、停留和人行、运动相结合，各得其所(图 2-11)。

图 2-11 青岛滨水道路景观

道路的转弯曲折。这在天然条件好的景观用地并不成问题：因地形地貌而迂回曲折，十分自然，不在话下。而在条件并不太好的地区，一般就不是这样。为了延长游览路线，增加游览趣味，提高绿地的利用率，景观道路往往设计成蜿蜒起伏状态，但是有的地区景观用地的变化不大，往往一马平川。这时就必须人为地创造一些条件来配合道路的转折和起伏。例如，在转折处布置一些山石、树木，或者地势升降，做到曲之有理，路在绿地中；而不是三步一弯、五步一曲，为曲而曲，脱离绿地而存在。陈从周说："园林中曲与直是相对的，要曲中寓直，灵活应用，曲直自如。"以明代计成的话，要做到："虽由人作，宛自天开。"

景观道路系统设计的步骤如下：

(1)现场调查与分析。包括人流量的调查与分析，道路性质分析，周边地形、地质、建筑物、自然条件综合分析等。

(2)方案设计。根据上述设计原则和调查分析结果，提出景观道路的初步方案。

(3)初步评价景观效果。使道路在平面、横断面、竖向、交叉口等方面达到和谐统一，并制作模型，从不同角度感知模型的景观效果。

(4)绿化、美化。研究道路绿化与景点布局，使道路绿化在树种、树形、布局等总体上与周边景观成为一个整体。

(5)附属设施景观设计。对道路硬质景观和相关的建筑提出控制性的设计。包括路灯、路牌、候车亭、小品、雕塑、扶手栏杆等(图2-12)。

图2-12　威海海滨道路景观

第三节　绿化系统

一、滨水景观绿化设计的原则

理想与想象性艺术形象不是自然形象的翻版，而是将自然形象理想化，这就需要设计师具有艺术想象力。绿化装饰就是艺术想象力的创造活动，这种创造活动赋予了绿化新的语言，沟通了人与自然之间的情感。

对于一个城市来说，绿化设计是一个宽泛的概念，它包括公园绿化、道路绿化、广场绿化以及住宅区绿化等，虽然内容有所不同，但是它们在树种的选择上遵循着同样的原则：

(1)适地适树，适地适草，分类指导原则。充分考虑地区气候特点和不同立地条件，选择树种时以地区自然植被生态结构为根本依据，要符合当地的自然条件状况，并按照自然植被的分布特点进行植物配置，体现植物群落的自然演变特征，所谓适地适树，就是要营造适宜的地域景观类型，并选择与其相适应的植物群落类型。宜树则树、宜草则草，使绿地在造景、绿化、美化等方面发挥最佳综合效益。

(2)乔木为主，乔、灌、花、草、藤复层栽植原则。合理密植，达到单位绿地面积生态效益最大化。

(3)乡土树种为主原则。乡土树种具有对本地生态环境适应性强，繁殖较为容易，种苗有来源和种质资源丰富有利于开展树种改良等优点。利用好乡土树种、草种来体现地方特色。

(4)植物多样性原则。主要通过植物的丰富度来体现。速生与慢生、常绿与落叶、名贵树种与经济树种合理搭配。利于绿地的稳定、节水和可持续发展。根据绿地开放程度和人对绿地的影响来选择植物。

(5)植物时间性原则。注重植物景观随时间、随季节、随年龄逐渐变化的效果,强调人工植物群落能够自然生长和自我演替。

(6)经济合理原则。树种选择在满足环境治理、防护减灾与景观效果的同时,还要尽可能地考虑兼顾经济效益,所选用的树种中搭配一部分经济树种,达到生态、景观、经济的统一和可持续发展(图 2-13)。

图 2-13　城市滨水绿化效果图

二、滨水景观绿化设计的应用

(一)水边植物的应用

平直的水面通过配植具有各种树形及线条的植物,可丰富景观效果。我国水边种植主张植以垂柳,造成柔条拂水、湖上新春的景色。此外,还种植落羽松、池杉、水杉及具有下垂气根的小叶榕,对于水边植物栽植的方式,探向水面的枝条,或平伸,或斜展,或拱曲,在水面上形成优美的线条。通过借景与透景的手法,利用树干、树冠框以对岸景点,留出透景线,引导游客很自然地步向水边欣赏对岸的景色。而驳岸的植物配置,则使山和水融成一体，又对水面空间的景观起主导作用。驳岸分为土岸、石岸、混凝土岸等，自然式或规则式。自然式的土岸常在岸边打入树桩加固。自然式土岸边的植物配植最忌等距离，用同一树种，同样大小，甚至整形式修剪，绕岸栽植一圈。应结合地形、岸线，有近有远，有疏有密，有断有续，曲曲弯弯，自然成趣。为了引导游人到水边赏花，常种植大批宿根、球根花卉。如落新妇、围裙水仙、雪钟花、绵枣儿、报春属以及蓼科、天南星科、鸢尾属植物。红、白、蓝、黄等色五彩缤纷；为了引导人们临水倒影，则在岸边植以大量花灌木、树丛及姿态优美的孤立树，以变色叶树种为主，一年四季具有色彩（图 2-14）。

图 2-14 滨水植物景观

（二）道路绿化的应用

道路绿化是道路环境的重要组成部分，市民的交往空间。道路的类型多种多样，都应该在遵循生态学原理的基础上，根据美学特征和人的行为学原理来进行植物配置，体现各自的特色。

对于滨水区的道路绿化也分为主路、次路和小路。主路绿化常常代表绿地的形象和风格，植物配置应该引人入胜，形成与其定位一致的气势和氛围。如在主路上定距种植较大规格的高大乔木如悬铃木、香樟、杜英、榉树等，其下种植杜鹃、红花檵木、龙柏等整形灌木，节奏明快富有韵律，形成壮美的主路景观。次路是各区内的主要道路，一般宽 2～3m；小路则是供游人在宁静的休息区中漫步，一般宽仅 1～1.5m。绿地的次干道常常曲折复杂，植物配置也应以自然式为宜。沿路在视觉上应有疏有密，有高有低，有遮有敞。形式上有草坪、花丛、灌丛、树丛、孤植树等，游人沿路散步可经过大草坪，也可在林下小憩或穿行在花丛中赏花。曲径通幽是中国传统园林中经常应用的造景手法，蜿蜒小径以竹为主，因为竹的生长迅速，适应性强，常绿，清秀挺拔，具有文化内涵，至今仍可在现代绿地见到(图 2-15)。

图 2-15　滨水区道路绿化效果图

(三)建筑小品绿化的应用

在绿化设计中，许多建筑小品都是具备特定文化和精神内涵的功能实体，如装饰性小品中的雕塑物、景墙、铺地，在不同的环境背景下表达了特殊的作用和意义。这里的植物配置，应该要通过选择合适的物种和配置方式来突出、衬托或者烘托小品本身的主旨和精神内涵。例如，冰裂纹铺地象征冬天的到来，在铺装周围的绿地区域中选择冬季季相特征的植物种植能够呼应小品的象征意义，如冬季开花的蜡梅、梅花、挂红果的南天竹、常青的松柏类、竹类植物，与冰裂纹铺地一起可以起到彼此呼应、相互融合体现景观所要表现的主题。又如纪念革命烈士为主题的雕塑物以色叶树丛作为背景，一到秋天，彩叶树的金色和红色把庄严凝重的纪念氛围渲染得淋漓尽致(图2-16)。

图2-16　武汉东湖梅园的"梅妻鹤子"雕塑

第四节　环境设施

一、滨水空间环境设施设计的原则

滨水空间环境设施的实际可以遵循以下设计原则：

(1)采用天然材料。河畔原有的石头和岩石，可保持原样作附属设施使用。采用天然的材料(如石材、木材)作一些基础设施，更容易和以自然为基调的河流风光协调一致。

(2)设计风格的统一。这一点也同样适用于其他景观设计。对环境设施来说，其功能主要是方便人们的使用与带给人美的感受，不能使利用的人感到杂乱。应该在色彩、形态、设计风格方面取得一致、最好具有河流的风格。

(3)有针对性地进行设施布置。成为地区标志的树、雕塑是人们想看一看的景物，可以在这类地点设置亭子、长椅、指示牌等，供很多人使用。亭子和长椅考虑设置在水面秀美和山峦清秀的地方，能够向周围眺望，获得美丽的风景。

二、滨水景观建筑

滨水空间中的建筑形式多样、风格多变。形式可以是亭、台、楼、阁、榭、舫、廊柱等，风格可以是中式的也可以是西式的，可以是古代的也可以是现代的，可以中西结合也可以古今结合。但最重要的是要与周围的环境相协调，风格一致（图 2-17）。

图 2-17 《红楼梦》中的藕香榭

三、滨水景观小品

滨水景观小品包括座椅、灯柱、花台、漏窗、花架、宣传栏，景墙、栏杆……其在满足功能要求的前提下也作为艺术品具有审美价值，由于色彩、质感、肌理、尺度、造型的特点，加之成功布置，可使得空间的趋向、层次更加明确和丰富，色彩更富于变化（图 2-18～图 2-20）。

座椅是景观的基本组成部分，具有朴实自然的感觉。木制座椅有很多类型，既有经过简单砍制的粗糙原木凳椅，也有工艺复杂的长椅。如图 2-21 所示，布置座椅要仔细推敲，一般来说在空间亲切宜人，具有良好的视野，并且有一定的安全感和防护性的地段设置座椅要比设在大庭广众之下更受欢迎。有些地方由于不可能在广场上摆满座椅，只好在狭窄的道路旁摆一排，这种设计是不合理的。可见，设计必须提供辅助座位，如台阶、花池、矮墙等，通常会收到很好的效果。

图 2-18　景观小品一

图 2-19　景观小品二

图 2-20　景观小品三

图 2-21　西湖边的座椅

凉亭、拱门、小桥、栅栏等，都是园林的重要构景物，对于丰富园林景观，加深庭园层次，烘托主景和点题都起到举足轻重的作用。还有植物支架的设计，可以做成非常稳古的三脚架和木桩，上面爬满蔓生蔷薇或藤蔓，形成优美的植物景观。通过漆绘、上釉，或加上金属饰物、木球、风向标等，也可以增加它们的观赏价值。栅栏起到分隔和围合空间的作用。通过巧妙的植物配置，可以使栅栏的感观变得柔和一些。

人们向来对水有亲近感，亲水平台也日渐风靡全球。平台可以造得很复杂，有栏杆、有楼梯、有高低层次，甚至有亭子花架。利用木材原木、原色建造大型码头平台、港口主景建筑或水上大型平台，则更能营造出气势恢宏的生态景观。

四、滨水景观标识

景观标识在人们进行景观游览时起到引导、提示及加深印象的作用。好的景观标识设计，不仅设计切题且能使人精神愉悦。景观标识因其功能、作用的体现，具有独特性、提示性、简洁性、计划性四个特性。

（一）独特性

景观标识的对象是动态中的行人，行人通过可视的标识形象来接收信息，所以景观标识设计要统盘考虑距离、视角、环境三个因素。常见的景观标识一般为长方形、方形，我们在景观标识设计时要根据具体环境而定，使景观标识外形与背景协调，产生视觉美感。

（二）提示性

既然受众是流动着的行人，那么在景观标识设计中就要考虑到受众经过广告的位置、时间。行人是不愿意接受的，烦琐的画面，只有出奇制胜地以简洁的画面和揭示性的形式引起行人注意，才能吸引受众观看景观标识。所以景观标识设计要注重提示性，图文并茂，以图像为主导，文字为辅助，使用文字要简单明快切忌冗长（图 2-22）。

（三）简洁性

简洁性是景观标识设计中的一个重要原则，整个画面乃至整个设施都应尽可能简洁，设计时要独具匠心，始终坚持在少而精的原则下去冥思苦想，力图给观众留有充分的想象余地。

图 2-22　武汉磨山景区指示牌

（四）计划性

成功的景观标识必须同其他标识一样有严密的计划。设计者没有一定的目标和战略，标识的设计便失去了指导方向。所以设计者在进行标识创意时，首先要进行一番市场调查、分析、预测，在此基础上制定出标识的图形、语言、色彩、对象、宣传层面。设计者还必须对自己的工作负责，使作品起到积极向上的美育作用（图 2-23）。

图 2-23　景观标识的宣传作用

第五节　公共艺术

一、公共艺术的内涵

随着我国城市化步伐的加快，城市的公共艺术建设，如雕塑、壁画等，逐渐被人们所重视，有的已经成为一个城市的标志。

所谓公共艺术，不同于一般艺术，它有公共之限。在现代汉语中，“公共”一词含义明确，即“属于社会的；公有公用的”。按词义，公共艺术指属于社会的、公有公用的艺术，性质有别于挂在私人家里的艺术品，主要指放置在公共场所的艺术作品，如雕塑、绘画等，公共性是公共艺术的前提和灵魂。艺术家在一定的公民意识引导下、以公共文化资源为媒介在公共环境完成的能够由公众继续参与的艺术作品。这个定义，内含公共艺术的六大审美特性：主体性、社会性、历史性、空间性、开放性、物质性。

公共艺术可以分为三大类：一是根据当地的历史、生活习俗和文脉来塑造作品，用来反映当地文化内涵；二是独立性的艺术品，以此来点缀环境；三是凸显作品与环境的关系，使作品融于环境之中（图 2-24）。

图 2-24　青岛海滨雕塑“美人鱼”

公共艺术不仅仅是给人看的艺术,一方面指公众继续现实地参与的可能性,另一方面指它提供给公众的想象空间。现代的公众,不应当只是被动地接受、观赏一件公共艺术作品,而且需要主动地创造它,并在这种创造活动中实现自己的未完成状态的存在。现代意义上的公共艺术所追求的主要不是艺术的效果而是社会的效果;公共艺术要解决的主要不是美化环境,而是社会的问题;它所强调的不是个人的风格,而是最大限度地与社会公众的沟通交流,与城市居民对自身生存空间所发生的变化的反映有着极为密切的关系。公共艺术所置身的公共空间体现的是一种文化关系,是艺术家的创造与公众意见能够构成对话的领域。

与公共艺术相对应的,我们称之为单一艺术,他指的是独立创作,不具特定环境,纯粹的艺术表现。在环境、立场、实践、创作主题上有明显的区别:环境上,前者是公共空间,后者是私人或特定的展示空间;立场上,前者是以居民和环境为前提,后者则是以艺术为前提;实践上,公共艺术多方面协同工作,而单一艺术是个人的自我表现;创作主题上,前者以调和环境为主,反映地方特色,有很强的文化性,后者则根据创作者的个人立场、见解,反映个人精神。

因此,公共艺术设置的功能可以概括为:使公共环境艺术化,增进公民接近艺术品的机会,形成地方文化特色,体现一种文化关系,使艺术家的创造与公众意见能够构成对话领域。

当今,公共艺术的发展已成为一个国家或地区城市进程的参照物,发达国家对城市文化的建设极为重视,公共艺术成为国家的标志,向人们展示城市文明程度。对于中国来说,公共艺术仍处于初级阶段,但随着社会的发展,城市的进步,各地文化市场日益活跃,公众参与情绪日益高涨,逐渐成为文化主流。

二、公共艺术中的景观雕塑

雕塑是一种立体的艺术形式,由石、木、金属、石膏甚至在现代艺术中用纸、布等材料来建立、刻画或组装一个立体的艺术品。雕塑具有鲜明的两重性，即传承性和时代性。传承性是指雕塑艺术几千年发展过程中在表现形式、思想内容和风格手法等方面的演变脉络。时代性是指雕塑艺术记录历史的功能，不管何种风格样式、何种艺术手法、何种思想内容的雕塑作品，都不可避免地烙上时代的印记。随着科学技术的发展，雕塑的形式也越来越多。现代雕塑是替公共服务的。通过视觉的传达阐述雕塑和城市环境中的特定内涵，城市雕塑是城市公共环境空间中三维的、硬质材料的造型艺术品。

城市雕塑的类型：

按创作模式分：环境雕塑、创作雕塑。

按题材模式分：纪念性雕塑、主题性雕塑、装饰性雕塑、功能性雕塑。

按风格分：具象雕塑、抽象雕塑、意象雕塑。

按造型形式分：群雕、单体雕、网雕、浮雕、透雕。

按规模分：有融风光和雕塑为一体的雕塑公司；融建筑、绘画、雕塑音乐为一体的大型综合环境艺术。

作为环境艺术的雕塑作品，必须强调与环境的协调，包括雕塑的题材、内容、表现风格、雕塑的体量与尺度、色调等。因此，城市雕塑的选题与设计必须结合选址的空间环境特点来完成。例如：

(1)广场空间：遵循空间形态整体性原则，设计时主要考虑广场环境的时空连续性、整体与局部、周边建筑的协调和变化等；尺度适配原则，根据广场的功能、规模和主题要求，设计雕塑的尺度；标志性原则，在尺度合理的情况下，雕塑的体量可以相对突出，增强广场的标识性和区位特征(图 2-25)。

(2)绿地空间：主要是布置在道路两侧和绿化分隔带上，要求以装饰性和功能性雕塑为主，小体量、便于观赏，丰富有情趣、多样化，以绿化为主并且少而精。甚至有些雕塑的位置摆放与人在同一水平上，可观赏、可触摸、游戏，增强人的参与感，接近人群，便于游人观赏、拍照。

图 2-25　辽宁大连星海湾广场雕塑

(3)入口空间：作为大型景观空间的入口，首先，标识性是人们对景观形成的第一印象；其次，尺度适配应结合周围的环境，尽可能选择大中型雕塑；最后，雕塑应布置在可视开阔地带，便于人们发现(图 2-26)。

图 2-26　济南芙蓉街“老残听书”雕塑

(4)滨水地带：自由随意的布局，以装饰性和功能性雕塑为主，采用中小型的尺度(图 2-27)。

环境雕塑是独立的观赏物，但要与周围的树木、阳光等自然因素相配，所以要最大化地表现空间和环境的长处，而且位置的变化使观赏者有不同的感觉，所以野外设置应该以三维特征为前提。而环境雕塑已经成为城市空间中的文化与艺术的重要载体，装饰城市空间，形成视觉焦点，在空间中起凝缩、维系作用。

图 2-27 西湖边的故事雕塑

对于环境雕塑的发展，我们跳出了以往传统、习惯的那种狭窄的表达，不论古代还是近代，雕塑的创造都体现着时代的文化精神，是人类主动的创造行为。现代的环境雕塑以其千姿百态的造型和审美观念的多样性，加之利用现代高科技、新材料的技术加工手段与现代环境意识的紧密结合，给现代生活空间增添了生命的活力和魅力。

三、公共艺术中的景观水景

水的特性很早就成为营造景观的基本元素之一。中国古代很早就把自然水体引入城市，以营造象征意义的水景。此外，中国传统文化中就有：仁者乐山，智者乐水，并且有风水之法、得水为上的说法，《作庭记》上卷第六卷《谴水》记载：应先确定进水之方位。经云，水由东向南再往西流者为顺流，由西向东流者为逆流。故东水西流为常用之法。景观中若没有了水景,就会显得呆板缺少生气,而动静结合、点线面变化、有时加上有人文含义的水景,往往能给人带来美感。

西方水景的设计中,以古伊斯兰园林在庭院中布置十字形喷泉水池为代表,用来象征水、乳、酒、蜜四条河流;欧洲古代城市广场上设置的水景往往是为了衬托水中的雕塑,凡尔赛宫的大型规则水池把巴洛克装饰艺术的丰富性与法国平原广阔平坦的宏伟性完美地组合在一起。到了18世纪,以英国园林为代表的自然风景所追求的是一种华丽的,去除了一切不和谐因素的人化的自然景观。

任何事物的发展,都是有规律的,水的创作也是如此,它不仅是一种科学技术,更是富有民族特色的人文精神,“为有源头活水来”使得水景艺术多姿多彩。

(一)水景按动静状态分类

(1)动水:河流、溪涧、瀑布、喷泉、壁泉等。动态的水景明快、活泼,多以声为主,形态也十分丰富多样,形声兼备,可以缓解、软化城市中建筑物和硬质景观,增加城市环境的生机,有益于身心健康并满足视觉艺术的需要。

(2)静水:水池、湖沼等。静态的水景平静、幽深、凝重,其艺术构图常以影为主。静止的水面可以将周围景观映入水中形成倒影,增加景观的层次和美感,给人诗意、轻盈、浮游和幻象的视觉感受。

(二)水景按自然和规则程度分类

(1)自然式水景:河流、湖泊、池沼、泉源、溪涧、涌泉、瀑布等。

(2)规则式水景:规则式水池、喷泉、壁泉等。

水景中还包括岛、水景附近的道路。岛可分山岛、平岛、池岛。水景附近的道路可分为沿水道路、越水道路(桥、堤)。

自然界生态水景之循环过程中有四个基本形态存在:流、落、滞、喷。水景也可以设计为上喷、下落、流动、静止，因此水体被艺术和科学的手法进行精心的改造，更增添了水景的情趣和娱乐效果。由于高科技的运用，使得水景的结构、造型丰富，形式也越来越多样，有射流喷泉、吸气喷泉、涌泉、雾喷、水幕等。比如雾喷泉能以少量水在大范围空间内造成气雾弥漫的环境，如有灯光或阳光照射时，还可呈现彩虹景象，在夏天人们可以放肆地靠近去享受那份清凉，而不用担心被水稍稍沾湿的衣服；水幕，是一种目前娱乐性较高的水景，可以在上面放映录像；也可欣赏一些娱乐性节目；还有贴墙而下的，水在经过特殊处理的墙上徐徐而落，水流跳动形成层层白浪，又或银珠飞溅，饶有情趣；水树阵是目前理水设计中以生态功能为主的水景造型，其内容就是以树（含植物）与水体相互交融而构成一定主题的布局方式。树依赖水生存，水以树而丰富多彩。总之，在现代环境中，真正的水景是能以多样的形式、多变的色彩、各异的风格满足人们视觉、听觉、触觉甚至心理上的等全方位的享受。亲水性是人的本性，所以能够触摸的水景逐渐被人们所重视。触摸即参与，最直接的意思就是让你能走到里面来，让身体直接与水接触。国外非常重视人们对水景参与性的研究，他们认为水是生活中最常见的物质，其非结构化的性质可以鼓励孩子进行富有想象力和自信心的探究，可以促进儿童思维活跃，也因为水常见，能使儿童自然而然地放松（图 2-28 和图 2-29）。

图 2-28 南京绿博园水景

图 2-29　新马泰水景

第六节　灯光系统

一、灯光的作用

物的形象只有在光的作用下才能被视觉感知。不论是白天还是晚上，不论是自然光还是人工光，世界上的万事万物都在光的作用下让人类感知。如果没有光的作用，我们就不可能觉察到物体的存在。

光对于景观营造有重要的功能和艺术价值。良好的照明改善景观的功能效益和环境质量，提高视觉功效，加强展示效果，营造环境气氛。

光给景观注入活力，保证夜间车辆畅通，行人安全，扩大夜生活时间和空间，丰富居民户外的文化娱乐和休闲活动。

光建构空间，明和暗的差异自然地形成室内外不同空间划分的心理暗示。

光突出重点：没有重点就没有艺术而落入平庸。强化光的明暗对比能把表现的艺术形象或细节实现出来，形成抢眼的视觉中心。极高的对比还能产生戏剧性的艺术效果，令人激动。

光装饰环境：光和影编织的图案，光洁材料反射光和折射光所产生的晶莹光辉，光有节奏的动态变化，灯具的优美造型都是装饰环境的宝贵元素，引人入胜的艺术焦点（图 2-30）。

图 2-30　西湖景区路灯

二、照明的方式

随着经济的发展，照明设施越来越引起人们的广泛关注，园林绿地、广场及景点、景区的照明与道路、建筑物的照明等构成了滨水夜晚一道道亮丽的风景线。

照明通过人工选择的方式，灵活选用照明光源，人们可以看到比白天更好的滨水景观轮廓、道路轴线、景观小品等，即景观的特点和结构可以比白天更清晰。但是需注意一点：滨水景观照明的效果很大程度上依赖于背景的黑暗，若照明没有主次，到处照得如白天一样亮，将使照明效果大打折扣，甚至造成眩光污染。

此外，在考虑表达夜景的效果时，也必须考虑到人们的活动和白天的景色。所以在选择照明工具时，造型要精美，要与环境相协调，要结合环境主题，可以赋予一定的寓意，使其成为富有情趣的园林小品。

三、照明设计的原则

滨水景观是公共空间，它是以雕塑、建筑、水体及多种元素，经过艺术处理而创造出来。通过照明表现滨水景观的美学特征，使其具有独特的鲜明形象：层次感清晰、立体感丰富、主导地位突出……所以，照明设备即灯具的配置，其颜色、排列、形态都要细细考虑。一般来讲，照明灯具的设计和应用应遵循以下几点。

(1)选择合适的位置：照明灯具一般设在景观绿地的出入口、广场、交通要道，园路两侧及交叉口、台阶、建筑物周围、水景喷泉、雕塑、草坪边缘等处。

(2)照度与环境相协调：根据园林环境地段的不同，灯照度的选择要恰当。如出入口、广场等人流集散处，要求有充分足够的照明强度；而在安静的步行小路则只要求一般照明即可。柔和、轻松的灯光会使园林环境更加宁静舒适，亲切宜人。整个灯光照明上要统一布局，使构成同林中的灯光照度既均匀又有起伏，具有明暗节奏的艺术效果。同时，也要防止出现不适当的阴暗角落。

(3)照明设备的选择与周围环境的协调：照明设备的颜色选择根据建筑、植物轮廓与背景色来进行选择。注重滨水景观与相邻建筑物的关系和它独特的地位，使其与周边环境如植物、河流等照明效果一致。

(4)注意灯具的比例与尺度：保证有均匀的照度，除了灯具布置的位置要均匀，距离要合理外，灯柱的高度要恰当。

(5)人的活动与滨水景观空间照明：人是滨水景观利用的主体，景观的评价来自于使用者——人的感受。所以景观的夜间照明要充分满足人们的需要，作为河流空间的人的活动散步、眺望夜景、沿岸吹风可以归纳为三个方面：当人们眺望远方时，要考虑到眺望场所的照明可用间接照明来控制亮度、烘托气氛；当人们在其间散步时，要注意灯光要保持一定的亮度，不要让散步的人有不安全的感觉。在设计时力求照明设计得精细，使散步不感到单调(图 2-31)。

图 2-31　湖滨路灯设计

第三章　传统美学视域下的城市滨水景观设计

城市滨水景观设计是人们在心理上对城市滨水景观形象的客观印象。由于滨水区在城市中所处的特殊地理位置，城市滨水景观中的意象设计是非常关键的，城市滨水景观的意境设计同样也在城市的整体设计中具有重要意义。城市滨水景观的形式美在运用上也具有独特的意义，在古代城市中的滨水景观更是展现出天人合一的艺术效果。本章在第一节主要分析城市滨水景观的意象元素与意象的设计原则两方面来研究城市滨水景观的意象设计；第二节主要以意境与历史文脉、意境与色彩、意境与空间三个方面进行分析，从而解析城市滨水景观的意境设计；第三节主要介绍城市滨水设计中形式美的应用；第四节主着重介绍古代城市中滨水景观的运用。

第一节　城市滨水景观的意象设计

意象是中华民族首创的内涵丰富的美学范畴，一般由艺术形象上升为具有意境的艺术，“意象”在中西方的审美观念上存在差异性，在西方“意象”是一个心理学术语。在城市意象设计上，我国的传统风水观着重对城市整体意象的设计，在本节中主要以凯文·林奇教授的城市意象设计理论为主。

一、城市滨水景观的意象元素

通常我们将凯文·林奇教授城市意象学说中的五大元素：区

域、边界、道路、节点以及标志物为城市滨水景观的意象元素。

（一）城市滨水景观中的区域规划和边界作用

城市滨水地带的地域范围存在差异，如果滨河呈现出一条带状的地区就是滨河地带，如果范围非常大，甚至整个城市都属于滨水地带，就形成滨湖或滨海区域。如人们提到杭州的景象就会联想到西湖，西湖已经成为杭州重要的意象。当滨水地域范围很大时，人们总是把它当作城市中一个独立的区域而进行记忆，滨水区作为一个综合的区域，应该做到整体规划，从而提高在人们心目中的意象作用。

边界是一种线性要素，起到侧面的参照作用，是两个地区的边界，因而水体的岸线是城市意象中显著的边界元素，在海岸和湖岸线这个意象中更加明显。周围的建筑以及整体的环境对这条边界线有一定的影响，如果人们的视线被挡住，那么就不会那么容易被发现，就算所在的位置离水体很近，也不会联想到河道与自己的位置之间的关系。所以在进行设计时，不主张在临近水域的地带建筑高层建筑，对于滨水建筑的高度也要进行合理的控制，从而保证滨水区在视觉效果上形成开放的空间，并使得整个景观看起来具有通透性。如果必须建高层，也要考虑不遮挡其后面建筑物，使景观能够在多个方位感受到水体的存在，从而使人们对城市意象元素形成深刻的印象，使水岸的边界作用有连续性。

水体岸线是一个城市十分重要的边界元素，因此对于水岸的设计尤为关键，水岸的造型直接影响着这一边界元素的亲水性和可达性。不同的岸线形式可以创造出不同感觉的滨水空间(图 3-1)。

1. 直立形断面

在很多驳岸的规划中，设计时受水利工程的限制，再加上有时高水位与低水位间的落差很大，所以防水堤会明显地高过活动空间，这种设计的亲水性比较差，生态性也不明显。

图 3-1　大连的海岸线成为城市鲜明的边界

2. 退台式断面

亲水是人的天性，但很多城市的滨水区会受到潮水、洪水的威胁，因此会设防洪堤、防洪墙等防洪工程设施。退台式断面可从根本上解决这一问题，人们可以在不同的层面进行活动，并且滨水的空间也变得更加宽广。如图 3-2 所示的悉尼歌剧院滨水岸就是立体处理，南京夫子庙滨水带的立体处理同样也取得了良好的效果(图 3-3)。

图 3-2　悉尼歌剧院

图 3-3　夫子庙滨水带两层平台(南京)

在芝加哥湖滨绿地中,同样也运用了退台式的断面处理,如图 3-4 的断面示意,在设计上,设置了无建筑的低台地、允许临时建筑的中间台地和建有永久性建筑的高台地,这是根据淹没周期设置的三个层次,这样的设计有效地解决了滨水区关于亲水性的问题。

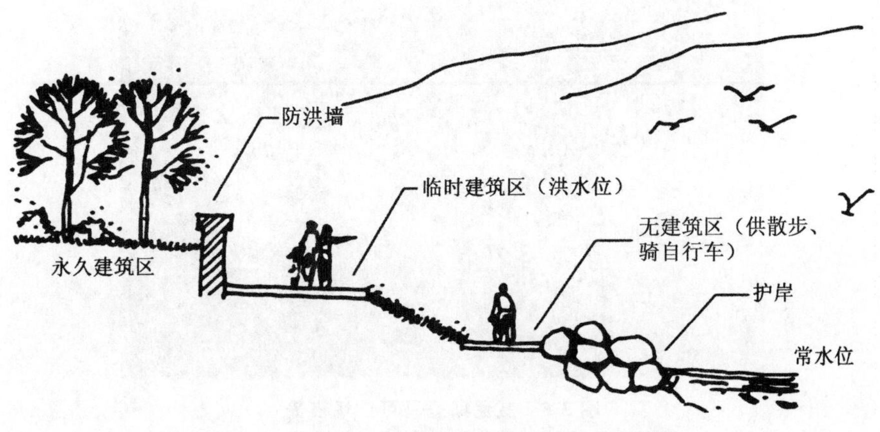

图 3-4　美国芝加哥滨湖地区的三层平台示意图

3. 生态型断面

生态型断面形式具有自然气息,这种形式就是所谓的“生态驳岸”。它能维持陆地、水面以及城市中的生物链,并且能保留、创造生态湿地。

（二）城市滨水景观中最璀璨的明珠——标志物、节点

1.节点

节点是各元素之间的连接点，有的比较大，有的则很小，而且虚实也不同。如公交站、码头等这些较小的实用性节点，广场、公园绿地这些是较大的实用性节点，虽然这些物质形式无形而且也比较模糊，但与道路间的联系紧密，意象鲜明。如威尼斯，圣马可广场应该算是大运河上最重要的意象，圣马可广场在设计上形成一种封闭的形式，只要站在广场上，你就会不自觉地联想到大运河，因为在广场的很多地方你是看不到大运河的，每当提到大运河时，人们就会联想到圣马可广场，像这种情况就是一个意象元素将一部分意象传递给了别的个体。如图 3-5 所示是威尼斯圣马可广场的夜景，在图片中看不到大运河。

图 3-5　威尼斯圣马可广场夜景

2.标志物

滨水景观的标志物有多种形式，有的是以建筑物为主要标志物，有的是以著名的景点为标志物，有的是以桥梁为主要的标志物。如上海外滩的标志物是“东方明珠”广播电视塔，人们普遍将外滩与“东方明珠”电视塔联想到一起。港湾大桥成为悉尼的标

志物，杭州西湖的十景则成为西湖的标志物。标志物的另一个形式就是公共艺术设施，在这些设施中，雕塑是公共艺术中很重要的组成部分，它在滨水景观中的意象更加鲜明，如上海外滩上矗立的世纪雕塑就是一个典型的城市滨水景观标志，在大连世纪公园中，雕塑已经成为其一大特点。

在滨水景观的标志物中，塔和各式的楼阁也是非常有特点的，杭州有许多塔，钱塘江畔的六和塔取意佛教的“六和敬”，塔的建筑形式却和佛教建塔无关，而与钱塘江怒潮有关。钱塘江大潮经常泛滥淹没良田，吴越王镇江建了六和塔。除了塔之外，中国古代还盛行在水边建筑楼阁，以便能在高处观赏江河的美景。具有江南“三大名楼”之称的岳阳楼、黄鹤楼、滕王阁均建在水滨。如图 3-6 所示为矗立在浩渺的洞庭湖边的岳阳楼。

图 3-6　岳阳楼

（三）滨水景观中的交通网和其组成元素

道路在滨水景观中的规划一般要比城市道路复杂，在水陆交通的交汇处，需要整体考虑水上交通和陆上交通的连贯性，还要考虑车流和人流的分离。在国外，有的城市将过境的行车道置于地下，以缓解交通压力，将滨水区尽可能还给行人，在国内这种设计则比较少。

在滨水景观中除了交通道路以外，还有很多辅助的交通枢纽和交通工具,这些意象元素是滨水景观所特有的,它们成为滨水景观的亮点。

1. 滨水景观中的重要枢纽——桥梁

桥可能是滨水景观中最富有特色的意象元素,因为只有在滨水景观中它才会出现,桥梁将两岸的景观集结。桥的姿态各具特色,材质不同体现出的韵味也不同,江南水乡的小桥体现出古朴典雅的气质,美国的金门大桥体现出宏伟壮观的现代风格。在滨水意象中,很难断定桥是节点还是标志物,因为它是水景中主要的连接水体两侧的交通枢纽,所以可以将它归为道路的一部分,如江南水乡和水城威尼斯那些隔不远就会有的一座小桥,则是一系列连续的节点,而像美国的金门大桥(图 3-7)和悉尼港湾大桥又成为整个城市的标志性建筑。

图 3-7 美国旧金山金门大桥

小的桥梁也可以成为一个城市的标志物,如图 3-8 所示是周庄的双桥,从图中可以看出世德桥和永安桥是纵横相接的,石阶相连,从而组成了双桥,从桥面上来看是一横一竖,从桥洞来看是一方一圆,在形象上像古代的钥匙,所以人们又称之为钥匙桥。1984 年,旅美上海青年画家陈逸飞以双桥为创作题材,创作了油画《故乡的回忆》,使更多的人领略到了周庄古镇的秀美风光与风韵。双桥,虽然不是钥匙,但却胜似钥匙。

图 3-8 陈逸飞梦中故乡的桥(苏州)

桥梁在滨水景观中使平面的滨水景观成为多维的空间,从而使得滨水景观意象更加真切生动。

2. 码头——人与水对话的渠道

在滨水景观中码头是特有的意象节点元素,它既有交通运输枢纽的任务,又使滨水意象有其独特的风韵。

江南的老人对于水乡的河道的最深刻的意象是小桥和河埠头。人们的日常生活都与这种小码头息息相关,清晨早起,妇女们常聚在河埠头淘米洗菜、洗衣物,这是她们每日必到的场所(图 3-9)。

码头也是当时坐船出行的交通港,绍兴三味书屋的码头见证了鲁迅先生举着乌篷船出行看社戏的热闹场景,现在这些埠头已经不如往日的场面热闹,但是却依然能够体现出往日的风情。这些河埠头增加了水和人的亲和力,所以在现代滨水景观规划设计中,有许多与河埠头功能相似的递推式台阶。这种递推式台阶伸入水中有一两个台阶,在水中的台阶宽度也比较大,这样有利于人们与水的接触(图 3-10)。

图 3-9　婺源河边淘米的亲切景象

除了小巧玲珑的河埠头外，在现代交通要求下，大型港口码头也在滨水区应运而生，虽然它们没有河埠头那种亲和力，但也成为滨水意象中的主要节点。

图 3-10　摩纳哥蒙特卡洛的游船码头

3."一叶扁舟"形成了滨水景观的一道亮丽风景

有水就有舟。威尼斯市区的面积仅仅 $5.9km^2$，城市中没有汽车也没有马车，只有往来如梭的"贡多拉"，在威尼斯，除了把"贡多拉"当成一种交通工具外，还将"贡多拉"当作激发人思古幽情的方式，体现出威尼斯所特有的激情。当划着轻舟在河间、海上行走时，一个意象元素将另外的意象元素串联了起来。如图3-11所示为意大利威尼斯的象征。

图 3-11　贡多拉

二、城市滨水景观的意象设计原则

在城市滨水景观的意象设计中，需要掌握城市滨水景观中的各元素的特点，全面了解影响意象设计的因素，掌握城市滨水景观设计的原则。

（一）影响城市滨水景观意象设计的因素

城市滨水景观的意象设计是一个综合多方面因素的集合体，它受很多方面因素的影响。特定的风土文化环境，特定的地理气候和生态条件，特定的开发体制等都决定了一个城市滨水景观意象设计的独特性。

1.自然因素

在城市滨水景观的意象设计中，地理、气候、地质地貌等自然因素具有重大影响。

在对城市滨水空间进行意象设计的时候，要充分考虑到自然水体所处的地理条件的影响，如滨海、滨江、滨湖、滨河等不同地理位置可以产生不同的意象景观。

在滨海地区沙滩和宽阔的自然水体是其自然优势，亲水空间比较优越；大面积的自然水体是滨湖地区的自然优势，在设计亲水性时，不能像在滨海地区那样使游人与水亲密接触，需要考虑到防洪。在滨河、滨江地区，由于防洪问题，要重视对水体岸线的意象设计。

在滨水区的景观意象设计中不同城市处于不同的气候带，如处在热带雨林的城市降雨量比较充沛，雨量较大，水位的变化也比较大，在进行设计时不用过多地考虑水位的变化。黄河处于温带地区，冬夏的水位变化比较大，因此，在进行设计时，应该充分地考虑到水位的变化。利用气候的变化使其形成独特的景观。

2.人文因素

城市所处的历史时期、地区的经济实力、人民的生活方式、人民的综合素质都对城市滨水景观的意象设计有着深远影响。

考虑到城市居民的不同思想，在海口的城市建设中就出现了两个极端的理想城市意象。海口的人口主要有两部分，一部分是当地原有的居民，另一部分则是建大特区时“十万人才下海南”由大陆内地迁移过来的工作移民，这些居民大多具有相当的专业技术和管理知识，是建设海口的主导决策力量和操作者。

今天的海口市正处于各种观念和建设意象的交错冲突之中。许多外来的投资建设者，在特区大开发、大建设、超常规发展的形势下，以西方国家大城市发展和建设模式为摹本进行的设计有悖城市滨水景区意象。

在城市滨水景观意象设计中，经济起着制约作用，不同的经济发展水平影响着不同城市的滨水意象设计的整体规划。如苏州金鸡湖的开发如果出现在一个比较贫困的地区，那是行不通的。因此各地的城市景观设计都要符合当地的实际情况。

（二）城市滨水景观整体意象设计原则

在城市滨水景观的设计中，对于单个意象元素应该作为一个整体进行考虑，并对其进行合理安排。在进行设计时应该注意遵循设计原则，从而达到最佳的意象效果。

1. 符合城市整体的历史文化

城市滨水区属于区段级的城市意象，它是城市的一个重要区域，而自然水体又是城市的自然边界，因此它应该符合一个城市的整体文化历史内涵。天际轮廓线往往被抽象为滨水城市空间的区域形象的代表，成为具有象征意义和地标性质的景观。

城市意象是城市景观、风貌在心理上的储存、记忆，那些形态、性格独特新奇的环境容易形成城市的重要意象。城市整体意象是许多意象的集合，如苏州以纵横交错的水系为城市网络，通过与水道边的白粉墙、小青瓦和街市的结合，创造出具有东方情调的江南水乡城市意象(图 3-12)。

图 3-12　周庄北市河两岸的水乡建筑

南京城市是以“虎踞龙盘”的格局建设的，台湾地区的基隆市因港湾外窄内宽，形似鸡笼，整个建成区围绕此港湾布置而构成“鸡笼”的形态，在今后的建设中不应该破坏这种美好的城市整体意象。在对玄武湖、莫愁湖、秦淮河等重要滨水区进行规划时就应该延续这种城市的格局。桂林自古就有“城市山林自郁葱”之说，独秀峰耸立于城市中轴线上，群峰环抱，与漓江结合为一体(图 3-13)。

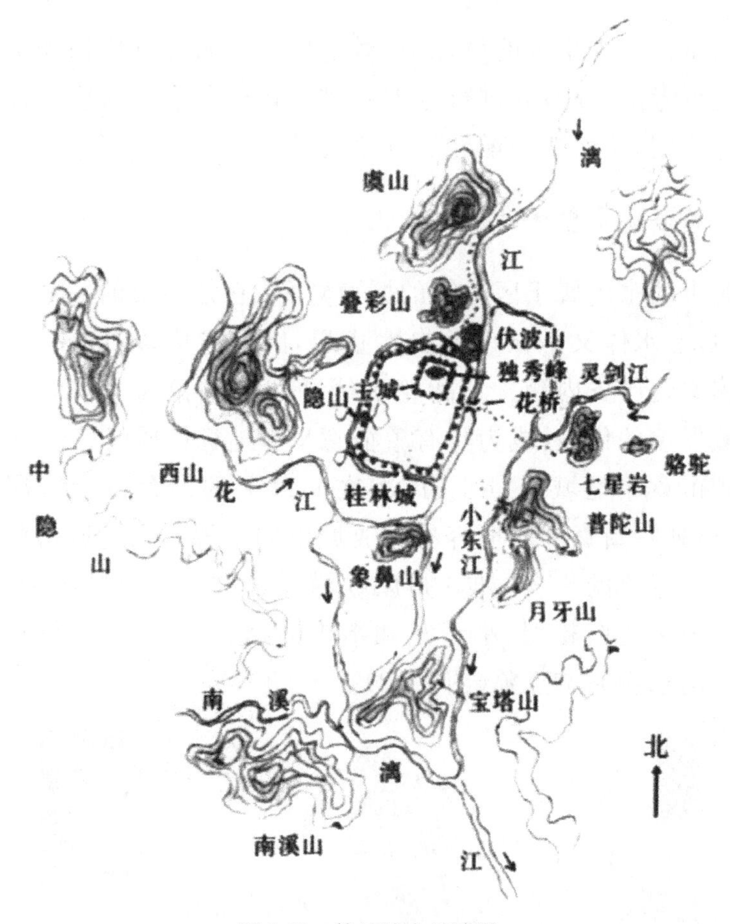

图 3-13　桂林城市平面图

福州前有五虎山，后有莲华山，东西两湖映带，并有旗山、鼓山侍立左右，呈现出三山鼎足而立的局面，整个城市是逐步建设，长期经营才形成独特的格局(图 3-14)。

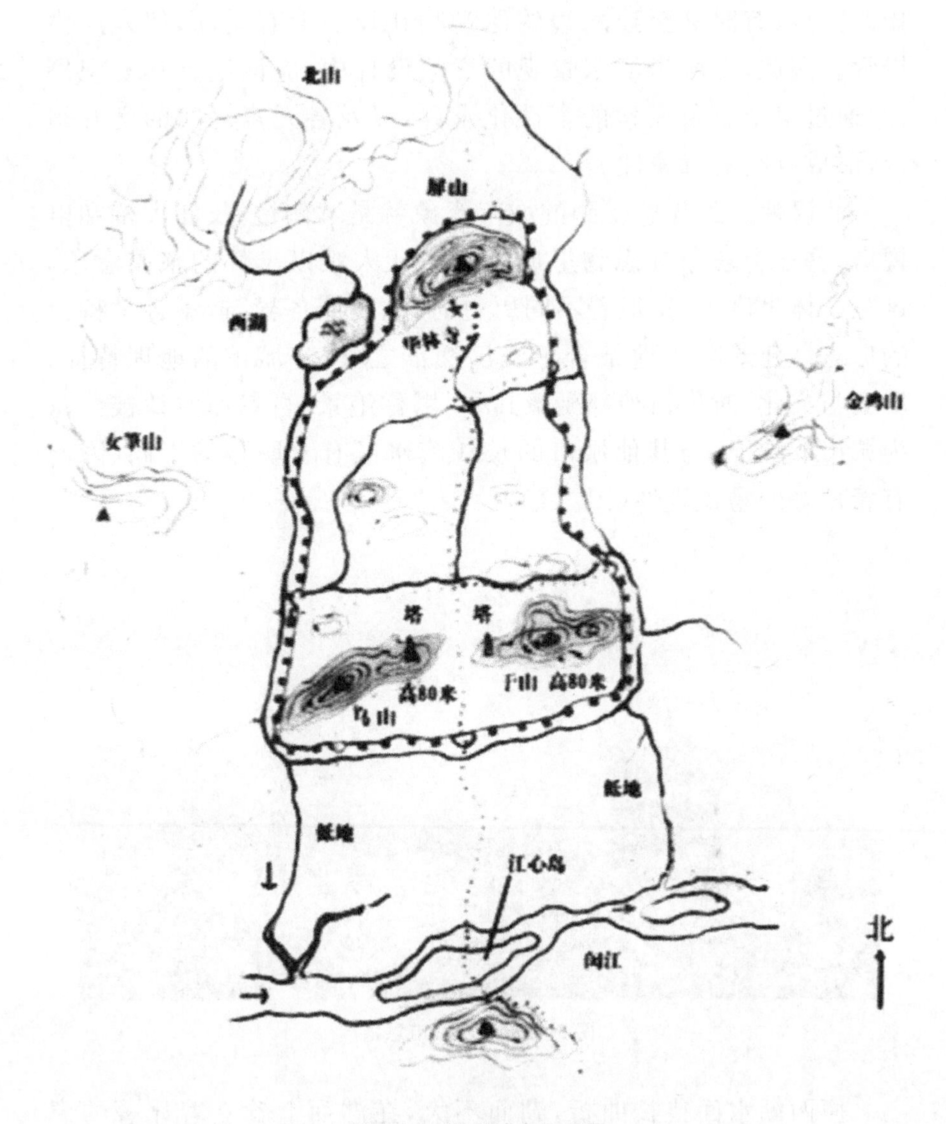

图 3-14　福州城市平面图

在进行城市滨水景观整体意象设计时，应该特别注意不与城市的整体意象相悖，也不能破坏城市原有的整体意象格局。

2. 易识别性

在城市滨水景观设计中，有许多大型的广场、大片的草坪、成排的路灯，有时甚至连水边的建筑物在设计上有雷同，使人产生错觉。因此，在城市滨水景观的意象设计中，应该注重其易识别性，通过单个意象元素的个性化设计，以及各元素之间的良好组合，形成鲜明的意象性。

武汉使人最先感受到的城市意象就是黄鹤楼、长江大桥和电视塔，这三个意象标志物形成了一个让人难以忘怀的整体意象，这三个体量庞大、象征着不同历史时代、功能各异、造型各具特色的标志性建筑巧妙地结合于江汉交汇之处，将城市的地理特征、历史与文化、时代精神都凝聚其中，堪称绝景，自然而然地被公认为城市的象征，与其他城市的长江滨水区有着明显的不同，因此有着良好的易识别性（图 3-15）。

图 3-15　武汉城市意象

瘦西湖水面狭长曲折，湖面不大，在湖面上耸立着显著的意象节点组合——白塔和五亭桥。瘦西湖的白塔比例较为秀匀，停云临水，亭亭玉立，从钓鱼台两个圆形拱门远眺，白塔与五亭桥分别印入两个圆门中，构成了极空灵的一幅画面。白塔与五亭桥两个典型意象的组合，很好地突出了整个瘦西湖地区的意象易识别性，每一个到过瘦西湖的游客都会清晰地记住这种妙不可言的构图，即使只是见到局部的照片，也能够一眼看出是瘦西湖（图 3-16）。

图 3-16 瘦西湖白塔与五亭桥的意象组合(扬州)

3.优化效应

以主要意象景观为重点加以突出就是优化效应,其余的意象服务于主体意象。

现代的城市滨水景观意象设计,大多以欧美的现代化设计理念为中心,而这在很大程度上与我国传统的滨水景观设计手法相悖。以福州为例,在三山鼎立的中轴线上矗立着一座高层建筑,它庞大的体量与错误的位置,使“干山”与“乌山”及该山的两塔失去了色彩。在苏州的景观设计中规定古城区不能建造超过 7 层的建筑物,符合江南水乡小桥流水人家的整体意象风格。

4.改造自然和尊重自然的辩证关系

从 1983 年起,三亚就开始填河造地,三亚港发生淤浅的情况也逐渐严重,填河造地危害明显,三亚河潮位提高,农田受淹时间延长了,原河道河滩植物与水下生物的生态环境被破坏,越来越依靠挖河床来增加“纳潮期”,三亚港的淤积速度加快。改造自然与尊重自然始终是辩证的关系,我们要在实践中寻求正确解决这对矛盾的方法,建设真正的山水城市。

第二节　城市滨水景观的意境设计

从意境本质论或中国古典美学关于艺术美本质的角度看，意境是准宗教的主体追求生命自由的精神家园，是一个为自由心灵而创设的独特广阔的精神性空间；从艺术意境的内在结构，或各门类艺术表现出的异质同构的结构原型看，意境是指古典艺术作品所呈现出的主客观统一、时空结合体和象内与象外两境界；从各门类艺术的具体形态看，意境是指在共同的艺术审美理想作用下，各门类艺术与自己的艺术形态本相微微偏离之后所产生的独特景观，或各门类艺术在艺术普遍规律与民族独特审美理想两者间相妥协所产生的独特效果。意境是人们为审美的目的用艺术媒介所构筑的独特的精神性空间。从审美心理结构而言，意境则是一种既包含形象、符号又包含深远的"象外"之虚的审美范畴。它的本质特征就在于由实而虚，由定导向不定，然后循环往复地虚实相生。不同的象与意、不同的象外之象与象外之意纷呈迭出，相辅相成，和谐统一。

一、意境与历史文脉

（一）历史建筑创造的奇迹

历史文脉对于整个城市意境的形成有着特殊的作用，历史的文脉包括多方面，可以是民族文化、宗教、历史等因素。

建筑是一个城市的灵魂，在滨水景观中，建筑也是产生意境的一种重要手段，历史建筑传承了一个城市的文化。

新加坡河不仅有地理上的特色，而且有其历史与传统，被人们亲切地称为新加坡的"生活之河"。沿河有大量的具有传统文艺价值的建筑，九座经过精心设计的有古雅灯柱装饰的桥梁，把河流南北两岸连接起来,并一直延伸到码头的台阶,形成一系列连续的城市滨水景观的意象节点。

在滨水区拥有大量的历史性建筑,利用好这些原有的建筑可以很好地将传统建筑风格延续下去。新加坡在“游艇码头”改建中保留了有东方特色的旧建筑,现在这一条东方式的商业街成了最吸引游客的场所之一。悉尼的“The Rocks”项目把原来的旧仓库改为热闹又有特色的商业购物街。美国巴尔的摩港区把原来的发电厂改成了科学历史博物馆。日本对滨水建筑法令规划有很详尽的规定,在实际规划操作方面也是严格把关,但是在对传统滨水建筑的保护方面却做得不够,一方面是由于日本的滨水地区往往是新填海而成,缺乏可利用的旧建筑;另一方面,开发商有着崇新崇洋心理,偏好学习欧美的风格,而忽视了日本本土的传统特色。在老式建筑中流连的时候,往往会使游人产生回到百年之前的历史之中的感觉,在比利时古老的城市布鲁日沿河岸漫步的时候,会有重返古老欧洲的感觉(图 3-17)。

图 3-17　布鲁日沿河的历史建筑(比利时)

(二)宗教的魅力

宗教在整个城市滨水景观的意境中也起着很重要的作用。

在前面我们提到佛教中常见的塔和阁楼等意象元素在滨水景观中已经出现，很多我国传统的滨水景观中也运用佛教思想来构思景观，如普陀山是一个海中的小岛，又是中国佛教四大名山之一，普陀山素来负有“海山第一”盛名，向以“海天佛国”、游览胜地著称于世，普陀山上所有景观几乎都与佛教有关。

不仅是我国，在世界各国的滨水景观意境设计中，宗教都是一个重要的元素，位于北方邦东部恒河岸边的瓦拉纳西则是最神圣的城市，有印度恒河上的大台阶，恒河是印度教徒心目中最神圣的河流。相传恒河是女神的化身，为冲刷大地的罪孽而下凡，为了挡住过猛的水量，印度教主神之一的湿婆神披散头发，站在喜马拉雅山南麓，让大水顺着她的头发缓缓流向大地。湿婆神在6 000 年前“创建”了瓦拉纳西。因此，瓦拉纳西成为朝拜湿婆神的中心，城内建有数百座大大小小敬奉湿婆神的庙宇。教徒们笃信，在圣河恒河中沐浴，可以洗净一生的罪孽，喝了恒河水，可以延年益寿。在瓦拉纳西长约 10 千米的河滩上，几乎筑满供人下河沐浴之用的台阶，每天来自印度各地的沐浴者络绎不绝。如图3-18 所示，层层台阶好似通往天国的道路，引领着人们走向光明，人们是如此虔诚，在这样的景观中也感受着宗教的庄严。

图 3-18　恒河的大台阶

二、意境与色彩

在滨水景观中，自然水体的色彩占有很大的比重，也作为其他景观的背景颜色，而水体丰富的色彩以及由于倒影所产生的变幻色彩为整个滨水景观增色添彩，也使其富有美好的意境。

（一）传统建筑色彩

建筑物的色彩在城市滨水景观意境设计中起着很重要的作用。特别是那些具有传统文化特色的建筑物的色彩，就更是意境产生的重大源泉了。

苏州沿河两岸的建筑都是黑白色彩，在河中穿行会产生一种江南水乡所特有的意境。而在意大利列伏努边的渔港中，色彩丰富的传统建筑和同样色彩斑斓的小游船与水中的倒影交相辉映，简直就是一幅风景油画，地中海风光永远具有对游客的吸引力，在如此富有传统历史风格情调的景观中，产生一种诗情画意的意境。如图 3-19 所示的意大利列伏努边地中海风情的建筑犹如一幅色彩浓郁的油画。

图 3-19　列伏努（意大利）

（二）灯光色彩

在夜晚来临之际，滨水区的照明又给我们带来了另一种不同的色彩感受。水体的流动性造就了滨水区夜景的流动性，就整个滨水区而言，艺术的灯光使其成为城市的流动空间。由于水面的作用，滨水区夜晚的色彩变得更加丰富多彩。灯光的不同色彩搭配使夜晚的滨水区呈现出一种柔和迷人的意境。如图 3-20 所示，成片的橙黄的灯光和高照度的大厦灯火使夜晚的芝加哥密执安湖整个滨湖区都呈现出一种流动的美。除了水体的流动性产生的灯光色彩意境之外，由于水体的反射功能，使滨水区的夜晚充满神奇的梦幻般色彩。

图 3-20　芝加哥的灯光色彩

悉尼是一个灯光色彩丰富的城市，我们可以从图 3-21 中看出，多彩的霓虹灯使悉尼变得多姿多彩。多变的灯光形成了五光十色的滨水空间，在规划设计的时候要更好地利用这一得天独厚的水文景观。

（三）材质色彩

材质色彩意境的产生，可以是由于一种材质如金属材质、玻璃材质等在不同的场合中色彩随着周围环境变换的结果。

图 3-21 悉尼夜景

构筑物材质的色彩是构成城市滨水景观色彩的主体，不同材质具有不同的色彩，有时相同的材质也会具有不同的色彩，而这些不同色彩的材质组合在一起形成了滨水区多变的色彩意境。如美国圣路易斯市密西西比河滨的大拱门正是这种景观的典型代表，由于其外表面贴了不锈钢片，所以，在不同的光线下有不同的光彩：在日光下，拱门反射着周围景物的色彩；在夕阳下，拱门成了一座金门；在月光下，拱门散发出银色的光芒；在深夜，拱门由于灯光的照射变成了黄绿色（图 3-22）。拱门变化就使人产生雄壮、绚丽的意境。

图 3-22 大拱门

三、意境与空间

空间意境是人们通过感知获得的对空间的心智想象，城市空间的意境层次是建立在人的空间体验基础之上的，并以潜意识作为背景。由于文化、生态、社会等因素的作用，因而空间意境是多维的空间系统，是人对空间的知觉想象的总和。在城市滨水空间中，意境的产生主要靠两种方式，一种是空间的流动性，另一种是虚复空间所营造出来的梦幻效果。

（一）空间的流动性

所谓空间的流动性是指由空间的有机组合、延伸、渗透形成的流动空间。

滨水景观设计将多种类的空间有机地组合在一起形成整体的滨水景观，这些空间包括自然水景、广场、街头绿地、道路等。一般来说，严格按照四方建成的空间只可能有两三个不同特征的景色，只有通过不同的空间组合才能产生多视角的不同空间感受。空间的有机组合形成了变化多端的空间效果，使人们在欣赏的时候可以多角度、全方位地领略其奥妙。意大利威尼斯的圣马可广场是一个典型的空间组合的例子，它成功运用了空间不同的形状、大小的组合由三个大小形状不同的空间组成。几个组合在一起的广场对于从一个广场进入另一个广场的人会产生十分深刻的印象，步移景异，会使人得到变化无穷的印象。每一个广场都可以有十多个从不同视点拍摄的为人们熟悉的景色，各自展示出全然不同的画面，变化之多，使人难以相信它们全部摄自同一地方。

现代城市滨水景观设计中很好地运用了空间的流动特性，如青岛的栈桥就是将空间延伸至自然水体上，使滨水空间显现出与水体相同的流动的感觉，这仅仅只是很小的空间延伸（图 3-23）。

美国芝加哥著名海军码头经过改造以后呈现出整体浮于海

上的感觉，将滨海的整体空间流动至海面（图3-24）。

图3-23 青岛栈桥

图3-24 芝加哥海军码头

在滨水景观中，空间的延伸范围极广，上可延天，下可伸水，远可伸外，近可相互延伸，内可伸外，外可借内，左右延伸，巧于因借。它可以有效地增加空间层次和空间深度，取得空前扩大的视觉效果，形成空间的虚实、疏密和明暗的对比变化，疏通内外空间，丰富空间内容和意境，增强空间气氛和情趣。

（二）虚复空间

虚复空间是滨水空间中创造意境的一种重要手法，在滨水空间水面虚复空间形成的虚假倒空间，与滨水空间组成一正一倒、正倒相连，一虚一实、虚实相映的奇妙空间构图。水面虚复空间的水中天地，随日月的起落，风云的变化，池水的波荡，枝叶的飘摇，游人的往返而变幻无穷，景象万千，光影迷离，妙趣横生。像“闭门推出窗前月，投石冲破水底天”这样的诗句，就描绘了由水面虚复空间而创造的无限意境（图 3-25）。

图 3-25　浙江绍兴八字桥

四、意境与绿化

绿化在整个城市景观设计中是举足轻重的，在滨水景观中也是如此。绿化在城市滨水景观中的艺术手法我们在前面已经详细说明，接下来重点分析绿化在城市滨水景观意境构成中所发挥的重要作用。绿化和自然水体、周围的道路以及时空、气候的转换都可以构成一幅幅美妙的意境。

不同的植物会给人以不同的意境，滨水景观中的花草树木也往往寄寓着某种思想情感，如垂柳被喻为对故土的依依恋情，翠竹表示文雅多才，松柏岁寒而不凋，喻人在艰难中保持高风亮节，梅花霜雪中开放，喻人傲骨铮铮，牡丹国色天香，象征富贵荣华，荷花出污泥而不染，形容人之操行清白。凡此种种，或以物言情，或以物比兴，或以物喻志，追求的是"因物而比兴"的效果。因此，在滨水景观中，作为审美对象的山水花木等，完全成了审美主体抒发情绪意趣的手段。

对于一个民族来说，都有一种或几种植物具有神圣的意义，每个国家都会拥有一种或几种国花。而不同的宗教对植物也情有独钟。槲寄生在英国多有运用，认为是"距离神最近"的植物，在一些基督教的节日期间都会出现。阿拉伯人对蔷薇和悬铃木情有独钟，悬铃木被当作避瘟疫之物，给人以一种安全的感觉。因此，在城市滨水景观的植物意境设计时要注意不同地域、不同民族对于植物意境的不同理解。

五、意境与时间

意境与时间的联系在城市滨水景观中往往被设计师所忽视。对于时间感的设计确实很困难，因为它具有较难控制的运动序列，杭州西湖在这方面做得十分到位，西湖的春夏秋冬给人以不同的感觉，这种随着时间转变而产生的景观变化在现代设计中应该得到借鉴和利用。

在滨水景观中，将四季融为一体的景观十分多见。多景点的融合，使游人在移步易景的同时，感受到视点转移和时光流逝而产生的流畅意境。如在成都的府南河畔，根据所处方位、主题和植物景观特点，规划了春、夏、秋、冬四个景区。在春景区有木兰花坞、映艳园和活水公园三个景园，映艳园是以春花海棠为主题，重点表现海棠春艳的意境，形成了500m的海棠花廊；夏景区有紫薇园、翠风苑、思蜀园、清晖园四个景园，翠风苑中黄桷树、青桐树和大型水景互相掩映，形成了以翠风绿意的夏季风光为主的意境，而在紫薇园中，以夏季盛开的紫薇为主要植物，表现夏景；秋景区有银杏园、拒霜园、绮霞园、雅文化景园、枕江楼牌坊绿地等景园，绮霞园以如霞秋色为意境主题，以红枫、红叶李、桂花等观花、观叶植物为主景，点缀传统形式的独柱伞亭，而拒霜园以成都的市花木芙蓉为专类植物，形成了“拒霜高格，与东篱傲骨同论”的意境；冬景区以岁寒园、香雪园、龟城遗堞为主要景点，岁寒园以松、梅、竹及冬景植物为主，表现出冬景的意境。

第三节　城市滨水景观的形式美运用

形式美法可以说是艺术类学科共通的话题，美与不美在人们心理上、情绪上产生某种反应，存在着某种规律。当你接触任何一件事物，判断它的存在价值时，合乎逻辑的内容和美的形式必然同时迎面而来。因此，在现实生活中，由于人们所处社会地位、经济条件、教育程度、文化习俗、生活理念以及在所处环境中从小建立的人生观、价值观等的不同而有不同的对于美的认知，单从形式条件来评价某一事物或某一造型设计时，对于美或丑的感觉却可发现在大多数人中间存在着一种相通的共识，这种共识是从人类社会长期生产、生活实践中积累的，它的依据就是客观存在的美的形式法则。如图 3-26 所示常州公园的滨水植物种植体现出的韵律与节奏。

景观设计的形式美法则最主要的是比例尺度和节奏韵律。在具体的建筑手法中，表现为欧洲古典建筑的两大系统——希腊罗马式的古典风格和哥特式的基督教风格，而中国古代建筑中的宫殿庙宇和园林以及其中的屋顶、色彩、假山、装饰等，都有各自不同的特殊构图形式和手法，形成各种不同的法式。

环境空间运用形式美法则包括比例、对称、对比、尺度、虚实、明暗、色彩、质感等一系列手法，对景观的一种纯形式美处理，要求创造出某种富于深层文化意味的情绪氛围，进而表现出一种情趣，一种思想性，富有表情和感染力，以陶冶和震撼人的心灵，如亲切或雄伟、幽雅或壮丽、精致或粗犷，达到渲染某种强烈情感的效果。

图 3-26　常州公园滨水植物种植

在滨水景观设计中，滨水绿地设计最能够体现形式美的法则，这不仅是自然美，而且还是人工美、再创造美。以纯粹的点、线、面、块等几何基本原型为材料，按美的法则通过空间变化：平移、旋转、放射、扩大、混合、切割、错位、扭曲，还有不同质感材料组合，来创造出具有特殊美的绿化装饰形象。

点是指单体或几株植物的零星点缀，植物栽植中，单植，或丛植，点的合理运用，也是设计师们的创造力的进一步延伸，具体手法有自由式、陈列式、旋转式、放射式、特异式等，点的不同排列组合也可产生不同的艺术效果。点，同时也是一种无约束的修饰美，也是景观设计的主要构成部分。可以说它是一种轻松、随意的装饰方式；线是指用植物栽种的线或是重新组合而构成的线，例如：绿化中的绿篱。

线有曲线与直线之分，在规则式园林中直线是常用的手法，而曲线则在后现代派风格的园林设计中得到大量使用。线的粗细可产生远近的关系，同时，线有很强的方向性：垂直线庄重有上升之感，而曲线有自由流动、柔美之感。神以线而传，形以线而立，色以线而明，绿化中的线不仅具有装饰美，而且还充溢着一股生命活力的流动美；面的运用主要指绿地草坪和各种形式的绿墙，它是绿地设计中最主要的表现手法。

面的使用是自由的，活泼的，无约束的，如各种形式的多边形，不规则形，将其进行不同方式的组合或层叠或相接，其表现力是异常丰富的。图 3-27 所示的常州公园的植物就是高矮搭配的形式。

图 3-27　常州公园植物

此外，造景中虚与实的处理，包括空间的大小处理、空间的疏朗与密实的处理，空间分隔与节奏感的形成等。在环境空间中每个景点（区）的营造，每个景点（区）之间的衔接与过渡，都须注意虚与实的变化。从某种意义上说，空间的变化主要就是虚实之间的变化，这种变化形成一种无声而有韵律的秩序与节奏，让游赏者在不知不觉中感到舒适与惬意。由于景观中出现的亭、榭、廊等建筑主要作用在于点景和观景，而不在于居住与屏蔽，因此，其所形成的空间，不是一个密实的围合空间，而是一个开敞或半开敞的虚空间。它们的存在，也让游览者视线通透。而在植物造景中，虚实空间的划分不是绝对的，在这里，虚实具有了某种相对意义。如密林与疏林，前者为实，后者为虚；而在疏林草地景观中，前者却为实，后者为虚；又如高绿篱与矮绿篱比较，前者为实，后者为虚；而矮篱或花卉密植色块与草坪空间比较起来，前者为实，后者为虚。

节奏与韵律的充分使用，使景观有紧有松、有主有次，在某种意义上也是虚与实的体现：色彩的强弱，造型的长短，林间的疏密，植株的高低，线条的刚与柔，曲与直，面的方圆，尺寸的大小，交接上的错落与否等组合起来运用。节奏也是一种节拍，是一种波浪式的律动，当形、线、色、块整齐地而有条理地同时又重复出现，或富有变化地排列组合时，就可以获得节奏感。

滨水景观以开敞空间为主，对于空间色彩的选用不同于室内景观。应做到主色调统一、辅色调统一、场所色统一。滨水空间是旅游者和市民喜好的休闲地域，具有开阔水面和优越环境，主题色调应具有明显的指向性和高彩度，与天然城市滨水景观相映生辉，广场和铺地的主色调应体现地方特色，周围建筑与之相呼应，在绿色植物的衬托下，体现出稳重、大气、典雅的氛围。

商业性景观场所要求有醒目、悦目、舒适、明快和协调、整体、统一的视觉指向，应尽可能营造热闹、繁荣的氛围，色彩选择可以较为鲜艳、亮丽，色彩丰富，尽量避免使用混沌、暧昧、纷乱、无秩序以及晦暗的低明度色彩。

大型交通性建筑的色彩要求具有明显标志性的高明度纯色色调，以展示城市的风格和文化气质。公共建筑的色彩设计应以人性化、公众性、时尚性为核心，体现当代城市市民的生理、心理和文化的特点和审美情趣，杜绝杂乱无序、色调刺激的建筑色彩。

但是，一味地追求形式美，不考虑人的需要，没有场所性和地方性特色，实际上是对城市形象和地方精神的污染。可见，形式美与内容不能分离，形式美是艺术发展和生存的条件，所谓创新，总是从形式探索上开始的,美感寓于形式之中,没有形式就没有设计。然而,形式美不是轻易能得到的,它来自生活,来自发现,来自创造性的想象。

第四节　天人合一的古代城市滨水景观

古城丽江把经济和战略重地与崎岖的地势巧妙地融合在一起,真实、完美地保存和再现了古朴的风貌。它融汇了各个民族的文化特色而声名远扬。丽江古老的供水系统纵横交错、精巧独特。距今已有800多年历史的丽江古城有"高原水乡"美誉,"碧水绕古城"是丽江一大特色。

丽江古城集中体现了地方历史文化和民族风俗风情,是一座具有较高综合价值和整体价值的历史文化名城,它体现了当时社会进步的本质特征。

丽江古城充分体现了中国古代城市建设的成就。丽江古城未受"方九里,旁三门,国中九经九纬,经途九轨"的中原建城体制影响,城中无规矩的道路网,无森严的城墙,古城布局中的三山为屏、一川相连;水系利用中的三河穿城、家家流水;街道布局中"经络"设置和"曲、幽、窄、达"的风格;建筑物的依山就水、错落有致的设计艺术在中国现存古城中是极为罕见的,是纳西族先民根据民族传统和环境再创造的结果。

古城建设崇自然、求实效、尚率直、善兼容的可贵特质,更体现了特定历史条件下的城镇建筑中所特有的人类创造精神和进步意义。丽江古城城市空间流动、水系充满生命力、建筑群体风格统一、居住建筑尺度适宜、空间环境亲切宜人以及民族艺术内容独具风格等,使丽江古城不同于中国其他历史文化名城。

古城的街道、桥梁、广场牌坊、水系、民居装饰、庭院小品都渗透着纳西人的文化修养和审美情趣,充分体现地方民族宗教、美学、文学等多方面的文化内涵、意境和神韵,展现历史文化的深厚和丰富内容(图 3-28)。

图 3-28　丽江街景

丽江古城从城镇的整体布局到民居的形式,以及建筑用材料、工艺装饰、施工工艺、环境等方面,均完好地保存了古代风貌,首先是道路和水系维持原状,五花石路面、石拱桥、木板桥、四方街商贸广场一直得到保留。

四方街是丽江古街的代表,位于古城的核心位置,不仅是大研古城的中心,也是滇西北地区的集贸和商业中心。四方街是一个大约 $100m^2$ 的梯形小广场,五花石铺地,街道两旁的店铺鳞次栉比。其西侧的制高点是科贡坊,为风格独特的三层门楼。西有西河,东为中河。西河上设有活动闸门,可利用西河与中河的高差冲洗街面(图 3-29)。

雪作为一种特殊的自然气候形式,在滨水景观的意境形成中也起着重要的作用,从古至今,许多文人都对水中雪景进行了描绘。雪也成为许多著名景点的象征。图 3-30 所示为永安雪霁就是一个冬日游周庄很好的观赏意境,在一片银白世界中游览古镇,别有一番风味,使人们可以感受到世界的纯洁。

水陆交接处往往是生物圈最为繁复的地域,因此如何利用好这些有利的自然资源来产生优美的意境是对设计师能力的一种考验。

图 3-29 四方街

图 3-30 周庄雪景

江苏常熟市的沙家浜是著名的水边景观，当小船行进在高人一头的芦苇荡之中时，船桨拍打水面的声音和风吹芦苇的声音相互交织在一起，不禁使人联想起当年新四军藏身于芦苇荡中，乡亲们划着小船探望子弟兵的感人情景。

放养水鸟或吸引水鸟在此栖息也同样能使滨水景观产生意境，泛舟水上，人鸟同乐，回归自然的感觉油然而生，岸上的繁华与喧闹，水上的温馨与惬意，咫尺之间，天壤之别，人与自然是如此的和谐(图 3-31)。

图 3-31　人鸟同乐

第四章　城市“双修”举措下的生态修复理念与景观规划

“城市修补、生态修复”是新时期城市转型发展的重要方法，区别于过去的片面型，这是一个对整个城市的综合规划，也是一个持续性的过程。本章在城市“双修”的举措下，对城市生态修复理念与景观规划做出论述，包括河流生态修复，绿地系统，以及滨水城市景观规划等内容。

第一节　“城市修补、生态修复”的提出及实施

一、“城市修补、生态修复”的提出

2015年12月20日～12月21日，中央城市工作会议在北京举行。习近平总书记在会上发表重要讲话，分析当前城市发展面临的形势，明确做好城市工作的指导思想、总体思路、重点任务。李克强总理在讲话中论述了当前城市工作的重点，提出了做好城市工作的具体部署，并作总结讲话。在谈到工作部署时，会议特别强调了要“统筹规划、建设、管理三大环节，提高城市工作的系统性。抓城市工作，一定要抓住城市管理和服务这个重点，不断完善城市管理和服务，彻底改变粗放型管理方式，让人民群众在城市生活得更方便、更舒心、更美好”。

“城市修补、生态修复”工作正处于当前社会转型期、城市转型发展背景下，这不仅仅是一项规划工作、一件技术工作，更是一

项需要实效的工作，是与建设、管理密切结合的工作，整个工作从组织到实施过程涉及诸多方面，将会是城市综合治理水平的体现。

“城市修补、生态修复”工作在近期内着眼点于快速提升城市的物质空间环境品质，但同时也应该认识到，“城市修补、生态修复”工作绝不止于物质空间。“城市修补、生态修复”工作涉及城市规划、建设到管理的全过程，既是物质空间环境的修复、修补，也是软环境（社会、文化、行政等）的修复、修补。

“城市修补、生态修复”工作，不是外在的形象工程，而是走向内在的民生工程；不是量上的拓展建新，而是品质的营造提升；不是单一的就事论事，而是综合的系统梳理。它使城市品质提升，风貌形象优化，体现了城市由量向质转型发展的趋势和要求。

而与此同时，这项工作也不仅是项目安排、工作计划，也是有关城市发展建设法规制度的逐步完善和优化，体现的是城市综合治理能力和执行能力的提升，以及城市文明的发展进步。总而言之，这项工作也正是一个城市“内外兼修”的过程。

基于城市治理的视角，从三亚作为试点城市的实践经验来看，至少涉及规划引领、设计支撑、政府统筹、社会动员、市民觉悟、依法依规、共修共享等一系列与城市管理治理密切相关的方面。

二、“城市修补、生态修复”的实施

（一）引领规划

“城市修补、生态修复”工作涉及方方面面，不止于物质空间，但最终工作推进效果、实施实效却应回归空间，回归到人们看得见、摸得着、可感知、可体会的物质空间上来。最终“城市修补、生态修复”工作的开展，需要依据“城市修补、生态修复”专项规划的任务安排，协调国民经济和社会发展等相关规划目标，制定近期实施方案和年度行动计划，建立城市“城市修补、生态修复”项目库，明确项目类型、数量、规模和建设时序等。这些工作的开展，涉及城市治理、管理，但都需要规划做引领。

“城市修补、生态修复”工作的具体开展，还有赖于一个思路清晰的整体规划的引领，这个规划是“城市修补、生态修复”工作总的思路引导以及技术支撑。三亚的“城市修补、生态修复”工作开展之初便着手制定整体的规划，并且随着工作的开展进行了双向反馈、深化完善。

在“城市修补、生态修复”规划的技术工作中，可总结出以下 4 点方法和经验：

第一，整体把握，系统梳理。三亚“城市修补、生态修复”工作采用了总体城市设计的思路和方法。生态修复结合区域生态要素的解析，确定区域生态格局和重要的生态敏感区域等，结合对历年来的生态环境演变情况分析，确定需要重点修复的内容。三亚作为热带海滨风景旅游城市，无论生态格局还是总体空间结构都有其自身的特色特征；但无论何种城市，在开展“城市修补、生态修复”工作时，整体把握、系统梳理都是首先需要关注的，这是工作开展的基础。

第二，全面统筹，重点示范。三亚的“城市修补、生态修复”工作，是在总体城市设计的基础上，进一步结合问题提出近期修复、修补重点。三亚“生态修复”以山体、河流廊道、海岸带等为重点，并分别提出了修复策略和措施。“城市修补”以六大方面修补为重点，即城市形态、城市色彩及立面、广告牌匾、绿地景观、夜景照明、违建拆除；同时结合城市总体空间结构，提出近期“一湾两河三路”的工作重点，通过近期 11 项重点实施性项目来落实和示范“生态修复城市修补”工作的综合要求。不同的城市，工作重点可能不同，需要因地制宜、因时制宜，结合自身突出问题和目标导向，考虑综合性、时效性，统筹确定需要着重开展的工作。例如三亚近期的工作开展围绕“一湾两河三路”，即综合考虑了民生性、时效性、系统性等因素。

第三，专业融合，综合效应。城市问题往往是错综复杂的，“城市修补”与“生态修复”也不是相互割裂而是统一融合的，“城市修补、生态修复”作为一项强调实施、实效的工作，也会涉及诸多的技术、专业及它们之间的融合问题。

因此，在“城市修补、生态修复”具体开展的示范性工作中，一方面要体现多专业融合协作、综合性解决处理问题的综合性示范效应。如两河沿岸的丰兴隆桥头公园项目，位于三亚河和临春河交界处，无论从生态价值上还是城市功能上都具有重要意义。工作中既结合城市规划对城市绿地公园、公共活动场所、绿道建设等进行修补，也体现了河道生态修复、红树林保护及修复、排污口治理等方面的工作，还融入了“海绵城市”建设理念要求，在渗透地面、雨水收集及利用等方面结合绿化景观进行了设计，使其成为体现城市核心位置的生态中心、活力公园。另一方面，实施性的工作也要体现“城市修补、生态修复”的综合性效益。例如抱坡岭山体修复的工作，不仅仅是单纯的生态修复、地灾治理工作，也是城市绿地公园系统、绿化景观和公共活动场所的修补，引入公共活动、打造优美景观，做到了“还绿于民、还景于民”，对周边城市建设用地价值提升、功能转型发展起到了积极作用，产生了综合效益。

第四，长期行动，分期实施。从城市的发展规律中可以认识到，城市“城市修补、生态修复”工作是一个长期的过程。三亚“城市修补、生态修复”工作自开展以来，按照“近期治乱增绿、中期更新提升、远景增光添彩”的时序，将动态推进、渐进实施的工作方法融合到实践当中。近一年来，主要在重点地段开展了广告整治、绿地修复、违章建筑拆除等“治乱”工作，结合三亚的“城市治理管理年”行动，切实打击违法违规行为、严肃城市建设管理规则。此外，2015 年下半年，除了已经开展的工作外，“城市修补、生态修复”工作组也对 2016 年的工作计划进行了初步梳理，并在三亚市的“多规合一”“十三五”重点项目库等文件中进行了充分的融合和体现。在三亚城市发展目标的导向下，中期的“城市修补、生态修复”工作会进一步关注整体生态环境提升、城市功能的修补和完善（包括旧城更新和棚户区改造）、城市交通系统修补和管理、城市文脉的延续等方面的工作；远期则将进一步结合三亚市的地域文化特色以及重要的公共性场所和项目建设，围绕精品城市建设，通过“城市修补、生态修复”理念的贯彻实施，力争形成更多的城市亮点和活力点。

第五，制定规则，时间做功。应该认识到，城市“城市修补、生态修复”正如城市发展一样，不是一蹴而就的，而是一个微创而渐进的过程，既要遵从城市的发展规律和节奏，又要在不同周期内进行及时的跟踪引导，以确保发展各阶段性目标的达成。按照统筹渐进的原则，合理确定“城市修补、生态修复”工作目标，梳理“城市修补、生态修复”工作体系，提出各类城市问题的修复和修补的途径，明确工作重点和时序安排，落实近期实施的各类“城市修补、生态修复”雷点工程。

（二）设计支撑

“城市修补、生态修复”应作为未来城市特别是老城区规划、建设、管理工作的重点之一，无论在宏观、中观还是微观层面，都应当鼓励运用城市设计的方法来进行“城市修补、生态修复”的相关工作。城市设计是落实城市规划、指导建筑设计、塑造城市特色风貌、营造城市空间环境品质的有效手段。大到宏观层面的城市空间格局、整体形态，中观层面的特色片区、绿地广场开敞空间、建筑风貌，小到微观层面的街道环境、街道家具、公共艺术等，都离不开城市设计的支撑。

在规划引领之下，“城市修补、生态修复”的很多工作，特别是在实施层面的一系列事项，需要更多地运用设计的手段和方法去落实。无论是场地设计、建筑设计、园林景观设计，还是工程设计，都需要具备城市设计的思路、运用城市设计的方法理念，使城市空间具有人文的内涵、具备人本的关怀。通过设计的支撑，来实现提升空间环境品质、打造宜居城市环境的目的。

结合三亚的实践，“城市修补、生态修复”规划设计的编制应结合各自城市特色和突出问题，综合运用城市设计方法，因地制宜、因时制宜（图 4-1）。

图 4-1 三亚城市环境

（三）政府统筹

“城市修补、生态修复”工作是一项长期的工作，也是城市在常态发展和常态的行政架构组织下开展的一项工作。在城市转型发展大背景下，这项工作有可能将成为城市政府的一项常态化工作，因此，政府的统筹是工作开展的最基本前提。三亚作为全国试点开展了这项工作，经过这一年多来的试点工作，在常态化的工作组织和实施机制方面，总结出如下两点经验。

第一，行政统筹、综合协调。要在政府常设架构下，充分发挥自上而下行政统筹的力度，加强综合协调能力，推动工作的开展。“城市修补、生态修复”工作开展之初，住房和城乡建设部与三亚市委市政府主要领导成立了“城市修补、生态修复”工作联合领导小组来指导开展这项工作。而在地方具体工作的推进中，三亚市成立了以书记、市长为主要领导的“城市修补、生态修复”工作领导小组，负责整体部署和统筹；同时在规划局设领导小组办公室，负责具体协调推进各项工作；领导小组办公室下，分设与“城市修补、生态修复”相关的各工作组，分别由海洋局、园林局、规划局、综合执法局等相关部门作为牵头单位，主管落实各项工作。与此同时，由技术单位（中国城市规划设计研究院）牵头成立技术工作组，相关各局的技术部门作为成员单位，由技术组统筹规划设计、提供项目建议、服务项目建设、跟踪项目实施。技术工作组对“城市修补、生态修复”工作领导小组办公室提供技术支持，并协同对接有关实施操作方面工作。整个工作组织按照“行政统筹负责、技术协同对接”的模式，协同推进相关工作。

第二，责任落实、任务成库。“城市修补、生态修复”工作不仅是规划工作，更是一项具有实施性、实效性的工作，其内容丰富、覆盖面广，是一个相对庞大的项目计划，需要投入的行政管理精力也是巨大的。工作开展后，三亚并没有重新组织单独的行政管理部门，而是根据“城市修补、生态修复”的不同方面，在“城市修补、生态修复”总体规划引导下，形成了作为实施抓手的工作清单，并将具体任务分解到与城市建设相关的各局、各单位，将责任分项落实，既保证了各部门可以共同参与、共同分担，又保证了各项目随时跟踪、及时对接。这种责任落实方式也体现了一个城市的管理水平和政府的治理能力，需要各个部门建立起顺畅、便捷的沟通渠道，及时对接、各担其责。三亚作为试点城市，在这方面的先行探索意义，不仅是工作技术方法上的试点探索，也是城市综合管理能力方面的试点探索。

简要总结以上内容，即结合城市治理的要求，在工作的组织开展上首先要强化组织领导，要结合实际，加强城市“城市修补、生态修复”工作组织领导顶层设计、统筹协调和政策配套；明确牵头单位、工作职责，形成部门协同、上下联动的组织体系和长效机制；统筹好各项工作安排和部门分工，制订详细的工作方案；细化任务，明确时限和要求，逐级落实责任。

同时，结合工作的开展，也需要建立长效的监督机制。住房和城乡建设部负责会同有关部门、技术机构定期、不定期对各省

“城市修补、生态修复”工作进行督导巡视，定期向社会通报“城市修补、生态修复”工作成效进展、问题经验。各省住建部门应建立相应的监督机制，通过日常监督与专项检查结合、第三方机构综合评估等方式，强化对“城市修补、生态修复”工作督查落实。

（四）社会动员

“人民城市为人民”，城市管理、治理工作中应当体现“以人为本”的理念，而城市“城市修补、生态修复”工作更是与市民利益、公共活动息息相关，工作过程中必然应注重广泛、深入、全面的公众关注与参与。这项工作也需要积极动员广大群众、整个社会的关注和参与。工作中要积极主动地去了解群众所想、所需、所急，去解决城市中的人面临的一些现实问题。三亚“城市修补、生态修复”的工作，既是专业技术人员的一项工作，同时也是一个多方互动的平台，规划师等技术人员在其中需要起到组织、传播、协调的作用，要积极了解群众诉求，动员社会力量参与。

在三亚“城市修补、生态修复”工作中，技术组通过网络媒体等渠道发放了大量调研问卷，征求公众意见，以发现三亚最突出的城市问题；此外还通过驻场工作、实地踏勘、走访座谈等，既与市民有了更多的交流机会，又能更切身地体会市民生活，深入了解这座城市的内涵。例如解放路示范段的修补改造方案制订过程中，规划局专门组织相关业主召开会议征求改造意见，业主们听取了改造初步方案、提出了一些疑问和建议，最终达成了实施改造的共识，保证了工作顺利开展。

媒体的介绍和宣传也是社会动员的重要手段。三亚城市“城市修补、生态修复”在工作过程中还进行了充分的宣讲宣传，以让广大社会公众都了解这项工作是什么，要做什么，可以带来什么样的效果。中国城市规划设计研究院技术组在工作中对行政管理部门召开多场“城市修补、生态修复”理论研讨宣传会，相关部门也采用电视、报纸、网络、微信公众平台、户外展板等媒体对公众进行广泛宣传，普及“城市修补、生态修复”的理念、公布“城市修补、生态修复”的成效，使全市上下形成了高度共识。因此，在未来“城市修补、生态修复”工作推广中，也需要注重利用各种电视媒体、网络平台、报纸传媒等媒介，通过开设专门网站、微信宣传、新闻报道、报纸专栏、出版丛书、期刊专刊等方式，广泛宣传并推广“城市修补、生态修复”理念，从民生、生态的角度，积极宣传各地优秀的工作经验和做法，强化示范效应，凝聚社会共识，为持续推进各地的城市“城市修补、生态修复”工作营造良好的社会环境和舆论氛围。

（五）市民觉悟

“人民城市人民建”，城市的规划、建设、管理，既需要了解公众的意愿，也需要广大公众的积极参与，更需要通过这种亲身的参与和体会，进一步激发市民的责任与觉悟，提升城市的文明素质。

《中共中央国务院关于进一步加强城市规划建设管理工作的若干意见》中提到，“提高市民文明素质……促进市民形成良好的道德素养和社会风尚，提高企业、社会组织和市民参与城市治理的意识和能力。……建立完善市民行为规范，增强市民法治意识”。一个时代的精神会反映在城市物质空间上，而反过来，城市空间也可以塑造人的精神品格。“城市修补、生态修复”工作，既是一项以人为本、提升市民生活物质空间环境品质的工作，同时也应是一项对市民起到教育作用、提高市民觉悟、提升市民文明素质、促进城市文明发展的工作。

“城市修补、生态修复”作为未来关系城市发展建设、有关社会民生的一项综合性工作，城市政府、社会公众、相关单位等的角色和作用应当逐步明晰，而工作开展的方式也应当更加可持续化，避免出现短时期、运动式的特征，避免“政府部门埋头干、群众企业旁边看”情况的再现。城市政府的作用应当由主导逐渐走向引导，先期所做的各项工作从示范逐渐走向推广；同时也要发动、鼓励广大社会公众以及相关单位、企业等，从常常会出现的"袖手旁观"现象到愿意干、一起干,积极主动参与到这项工作中来。

(六)依法进行

从"城市修补、生态修复"工作的开展来看,要实现统筹规划、建设、管理,切实提升城市治理和精细化管理的水平,法律法规、相关管理规定等的保障支撑是关键。

1. 法律法规保障

结合"城市修补、生态修复"工作的要求,有条件的地区应结合实际逐步推进一些地方立法工作,来保障"城市修补、生态修复"的工作成果。

"城市修补、生态修复"工作作为一种与城市治理、公共管理密切相关的工作,需要尽快开展相应的地方立法工作,以获得相应的行政权力和执行依据,从而避免法律执行上对现有法律的滥用、监督机制的缺位等问题。在这方面,可参照与这项工作类似的城市更新相关工作。如深圳、广州、上海等城市设置了城市更新管理机构,在地方立法上做出了一些较为切实的工作。

因此,想要在"城市修补、生态修复"工作及城市更新工作中最大程度促进公众参与,保障和实现城市公共利益,切实提升居民的生活环境质量,实现城市的可持续发展,都要依赖于相关立法工作的不断完善,这方面工作任重而道远。

2. 相关管理规定支撑

在法律法规之下,还需要进一步完善配合"城市修补、生态修复"工作的各部门相关管理规定,细化保障"城市修补、生态修复"工作实施的各项技术标准和导则指引等内容。

"城市修补、生态修复"工作作为一种存量更新式的规划建设形式,是在基本上不新增城市建设用地(经济容量)的基础上实现城市建成环境的提升。要在"城市修补、生态修复"工作中实现城市建成环境综合品质的提升，就要保证各责任主体单位在“城市修补、生态修复”工作的推进中达到各自的优化和提升。这就需要政府的各个责任主体单位建立健全相应的配合“城市修补、生态修复”工作的管理规定，从规范化管理的角度出发，对基础设施建设、公共服务设施建设、公共绿地建设、建筑审批、广告牌匾审批等一系列城市“城市修补、生态修复”工作提供管理审批方面的依据，实现空间环境的优化、绿化环境的提升、道路交通的改善、文化传承及创新等综合品质的提升，真正做到精细化的管理和审批，保证“城市修补、生态修复”工作取得成效。

“城市修补、生态修复”是针对现状城市发展中存在的各方面问题，采取适当的方法进行修复、完善、更新及改造。“修复”和“修补”作为重要的技术方法，对城市“城市修补、生态修复”工作成功与否起到关键作用。在修复和修补的原则策略制定的过程中，需要采取正确的技术方法和建设指引，以保证所制定的原则、策略的正确性。

第二节　河流生态修复的理念

一、保护水质和处理水污染，利用水资源

保护水质和处理水污染是进行滨水生态保护与设计的前提，也是确保营造良好的滨水环境景观的基础。

（一）水质污染的检测和评价

进行滨水环境景观设计时，应当首先对水体的水质污染程度进行检测和评价。这部分工作需要有关部门专业人员配合进行，并查阅相关规范。如果水质未达到规定标准，则需进行下一步的水质污染处理。

（二）截污

进行水质污染处理的第一项工作便是截污。污水处理要在源头进行。对排入水中的工业废水、生活污水、农业污水等进行截污，将这些污水首先收集入污水管网进行处理。

（三）水资源利用

水资源利用包括水循环利用和水资源收集两方面内容。

在水循环利用方面，小型水体应尽可能利用大型水体进行循环净化，也可利用经过污水处理厂处理过的处理水作为净化水体。

在水资源收集方面，应尽可能将处理后的生活污水和雨水纳入水资源的利用体系中。在滨水地带，可结合集雨绿地、生态渗透池和人工湿地等形式进行暴雨控制和雨水收集。同时，这些水资源设施所在地在进行收集雨水和暴雨管理的同时，还能够塑造良好的景观效果并且提供开放空间场所。

（四）污水处理

在滨水生态保护与设计中，对于难以截污的少量污水（如部分农业用污水和雨水等）需要利用生态方法进行净化过滤处理，使污水通过人工或者自然的方法被处理成为中水，从而作为灌溉用水或者观景用水使用。毕竟水体的净化能力十分有限，无法完全处理人类产生的大量污水，需要我们来完善这些事情。

二、保护和建立完善的生态体系

滨水环境总是有着丰富的动植物，有着复杂的物种群落体系。在进行滨水生态保护与设计时，需要进行现状动植物物种调查，并了解各个物种之间的关系，以便保护和建立完善的滨水生态体系。

保护和建立完善的滨水体系要特别注意以下两方面的内容。

（一）建立水岸植被缓冲带

植被缓冲带指的是水陆之间并能够受到水体影响的植被区（图 4-2）。植被缓冲带的建立对滨水区环境有着明显的保护作用，能够保证水生和陆生生态系统的良性发展，有效控制水源污染。西方国家运用植被缓冲带的实践已有几百年历史，美国在 20 世纪上半叶对这种技术的应用就已相对成熟。

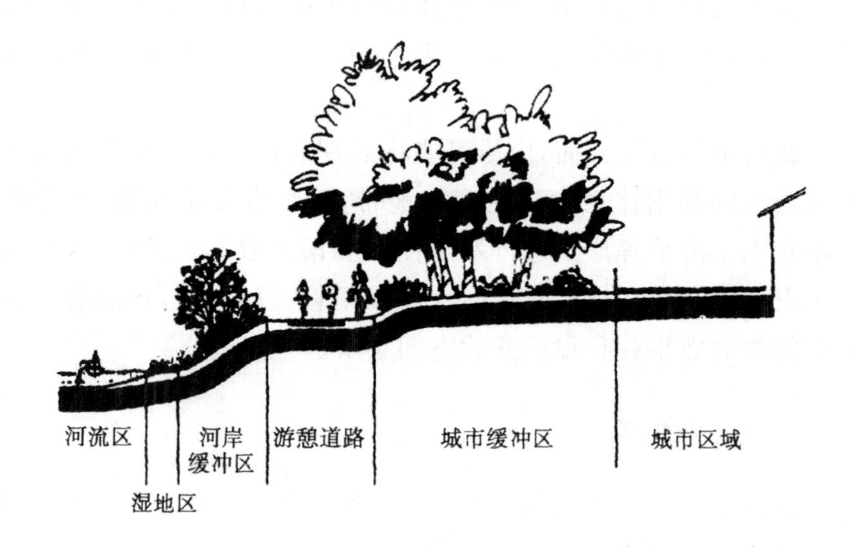

图 4-2　植被缓冲带示意图

应尽可能保留原有的自然植被。尽量避免在水边进行纯观赏性绿化，而应参照原有自然植被群落进行适地适树的搭配。

水岸植被缓冲带建设对于滨水空间生态系统的完善具有重要的意义，也是滨水生态保护与设计的重要内容。

（二）湿地保护和建设

根据 1971 年订立的《拉姆萨尔湿地公约》，湿地具有较广泛的含义："湿地系指天然或人工、永久或暂时之静水、流水、淡水、微咸或咸水沼泽地、泥炭地或水域，包括低潮时水深不超过 6 米的海水区。”通常，湿地是地球上重要的生态系统，指一些水域和陆地交接的环境，包括一些低洼地区、洪泛平原、淡水或咸水覆盖的地方，不但起到景观美化的作用，还拥有巨大的生态功能和效益，既容纳了一定的洪水量，又为生物多样性提供了保障，营造了多类型的动植物栖息地（图 4-3）。

图 4-3　自然湿地

湿地系统的保育和恢复是滨水景观设计的重要内容。滨水区域除保持水体的自然形态之外，还应尽可能多设置一些小型的蓄水池和间歇性湿地，收集雨水和收纳洪水，从而增强景观的丰富性和滨水景观抵抗洪水的能力，对景观和生态都具有重要的意义（图 4-4）。

实际上，除了将相对小型的湿地理念应用于其他类型的滨水环境景观设计中，湿地本身也是滨水环境空间的类型之一。湿地恢复保护设计是当前生态设计的一个重要课题，它不但能够净化环境和水质，还能够塑造比河流等其他滨水类型更为丰富的生态环境，建立更为完善的生态系统，更大程度地保护自然和维持生态平衡。

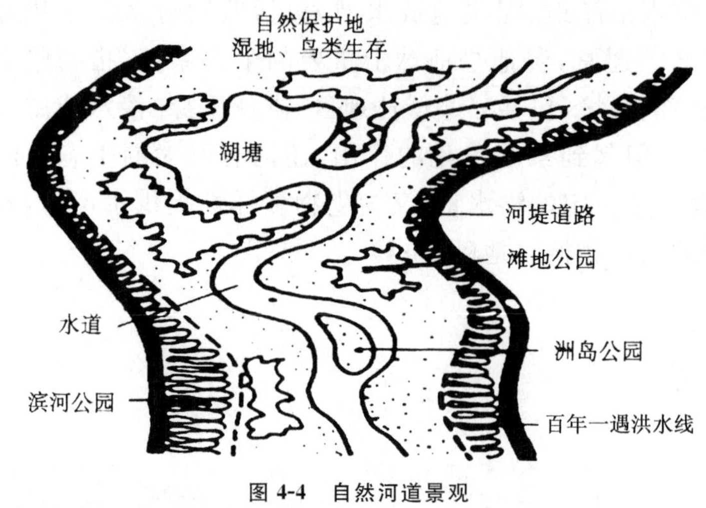

图 4-4　自然河道景观

三、运用天然环保材料和方法

滨水生态保护与设计中，应尽可能使用传统的天然环保材料和施工方法，采用透水性强的材料，减少不透水铺装和结构所占据的面积。主要体现在以下两个方面。

（一）天然材料的使用

建议多采用天然环保材料，主要指天然石材和木材等。其中天然石材包括卵石和石块等。在具体设计中，应当多采用多孔的并具有结构均匀性和稳定性的土和石材（干砌）（图 4-5），这些材料能够为特定的动植物提供良好的栖息空间。不提倡使用孔隙度小的混凝土材料，这些材料将使特定动植物种类和数量大大减少。关于驳岸景观，在本书后面的章节中有具体的论述。

（二）柔性水工结构的使用

在城市化进程中，有许多自然河道被改造成混凝土结构，这种容器式的单一结构严重破坏了滨水环境的丰富性，特别是栖息地的多样性。当前，柔性水工结构在滨水景观设计中更多地被采纳和使用。

所谓柔性水工结构，是与刚性水工结构相对应的一个概念。即采用一种相对容许变化，同时又对水体及驳岸没有严重影响的结构进行滨水区域的建设，也是一种生态的并且最低程度破坏自然的水工结构。

图 4-5 石材驳岸

四、用可再生能源

在滨水生态保护与设计中，可再生能源的利用也是不可忽视的一个方面。通常意义上讲的可再生能源包括太阳能、风能、水能、地热能、海洋能等。在滨水生态保护与设计中，建筑系统、照明系统、景观设施系统都可以在一定程度上有效利用可再生能源，如风能和太阳能。

目前，对于风能（图 4-6）和太阳能的运用主要在于将其转换为电能，从而运用于照明、灌溉和水景运行中等。

可再生能源在滨水生态保护与设计中还有很大的发展空间，除了风能和太阳能，可以预期的是，对于水能的运用在今后也将会取得持续的技术进步和实践成果。

图 4-6　风能发电

五、生态教育

生态教育也是滨水生态保护与设计的重要内容。具体可包括观测、科普、采集标本、宣传展览等。在滨水景观规划设计中，应当将生态教育融入其中。生态教育作为一种生态手段逐渐受到重视和推广，使滨水生态保护与设计深入人心。

第三节　滨水绿地系统的生态修复

一、水生植物在水体净化与生态修复中的应用

（一）水生植物在湖滨、河岸生态带中的应用

湖泊和河道是海绵城市最重要的“海绵体”，在这些“海绵体”的最高水位线和最低水位线之间存在一个水陆交错带，即湖滨、河岸生态带湖滨、河岸生态带建设是湖泊、河道生态修复中最直

接、最易行的工艺措施，也是原位生态修复中最常见的一种形式。湖滨、河岸生态修复的本质是以水体净化和兼顾景观建设为主要目的，融合了湿地生态技术、水质净化技术、水生动植物技术、水利工程技术、景观园林技术等。在水生植物措施方面，通过恢复或修复，建立起丰富的湿生、挺水、浮叶和沉水等植物构成的水生植被群落。

（二）水生植物在潜流碎石基质人工湿地中的应用

广义上的人工湿地是指人为建造或改造的仿自然湿地形式，以种植、养殖、灌溉、水体景观及污水处理等目的的一种生态系统；人工湿地也是海绵城市建设的重要“海绵体”之一。现在狭义上的人工湿地，通常是指专门用于污水处理或同时兼顾景观功能的构筑性湿地，或称为生态滤池。按水力流动特征，分为表面流湿地和潜流湿地两大类型，其中潜流湿地又分为水平潜流和垂直潜流两种形式。在很多时候，人工湿地又特指净化效果最突出、应用最广泛的潜流型碎石基质人工湿地。人工湿地在实践应用中，经常还附加一些配套的预处理、后处理设施而构成完整的污水处理系统，它模仿自然生态系统中的物理、化学和生物的三重协同作用来实现对污水的净化。人工湿地是一种前景光明的新兴污水处理技术.由于其低投资、低维持费用、低能耗、高稳定性以及兼有湿地生态景观功能等优点，目前在世界各地已被广泛推广应用。近年来，人工湿地在我国发展迅猛，在农村和城镇生活污水处理、集中式小区和旅游地废水处理或中水回用、传统大型污水处理厂的尾水深度净化、湖泊河流面源污染的拦截或原位生态修复等领域均得到较大范围的应用。

（三）水生植物在表面流土壤基质人工湿地中的应用

表面流土壤基质人工湿地是指通过新建或改造原有水域，专门用于水体净化和生态景观功能的湿地生态系统。生态沟渠、生态塘利用原有类似水域改造，不占用新的土地，建设成本低，在净化水质的同时，也是良好的生态景观带或水生经济作物种植地。在海绵城市生活污水处理、雨水收集和中水回用、养殖水循环净化、水域原位生态修复等领域应用较多。

（四）水生植物在生态浮岛中的应用

生态浮岛又称生态浮床、植物浮岛、植物浮床、生物浮岛、生物浮床等。其原理是将水生植物栽种在具有一定浮力的载体上，让其漂浮在水面上，以达到净化水质、水域景观或生产经济作物的一种人工形成的仿自然生态水上植物浮体。生态浮岛目前已经广泛应用于治理富营养化水体、水体生态修复、污水后期再处理等项目上，特别是在那些直接栽种水生植物难度较大、成本较高的湖泊、河道、池塘等生态修复水域应用更普及。

（五）水生植物在海绵城市雨水 LID 中的应用

低影响开发，是发达国家 20 世纪 90 年代末才发展起来的新兴城市规划概念，最近在海绵城市建设的推动下，国内开始在一些城市推广和示范。其基本内涵是综合利用吸水、渗水、蓄水、净水等生态措施减少径流排水量和控制水体污染，使城市开发区域的水文功能接近开发之前的状况，这对城市的可持续发展具有重要意义。雨水 LID 工程是海绵城市建设中的核心措施，通过采取雨水源头控制和末端处理等 LID 措施实现对雨水的减量及控污。雨水源头控制措施主要包括植草沟和雨水花园，通过植物截流和土壤及碎石等基质渗滤来滞留雨水流量和消减污染物；雨水末端处理主要是利用人工湿地和生态浮岛等措施来消减雨水中的污染物。

二、水生植物在水体净化与生态修复中的功能作用

水生植物是湿地生态最重要的组成部分之一，是湿地生物的主体，也是水体净化与生态修复中的关键要素、关键技术之一。

（一）直接吸收水体中的氮、磷等营养物质，吸附富集重金属和一些有毒、有害物质

通过植株的收割和生理转化，减少城市水体中氮、磷、有机物等污染物，从而提高水体质量和透明度。水生植物的吸收、吸附和富集作用与植株的生长状况和根系发达程度等密切相关，不同的气候季节、不同的植物品种、不同的污水源、不同的湿地工艺等，都会导致污水净化效果有着较大差异。

（二）稳定并改善湿地基质层的物理化学结构，提升基质中微生物的净化能力

植物通过光合作用将氧经过植株、根系向基质层输送，湿地中发达的植物根系具有巨大的表面积，可以固着生长大量微生物并形成生物膜，有氧区域和缺氧区域的共同存在为根区的好氧、兼性和厌氧生物提供了各自适宜的小生境，使不同的微生物各得其所，发挥相辅相成的净化作用。水生植物的此项作用在潜流人工湿地和生态浮岛中尤为明显。

（三）有效拦截地表污染物，固土护坡、保持水土稳定

茂盛的水生植物群落带，可拦截、净化地表径流夹带的泥沙和其他污染物，减轻湖泊、河流、渠塘的污染负荷；能够有效地减轻波浪对岸线和水体的冲击，消浪防蚀、稳定水体、防止底泥悬浮，从而减轻城市湖泊、河流、渠塘等水体富营养化程度和生态破坏。

（四）能改善生态景观环境，产生一定的经济价值

水生植物在净化水质、恢复生物多样性的同时，也是一道亮丽的景观风景线。有些还可以根据条件或需求配置水生蔬菜、饲料作物、原材料植物等，可兼顾一定的经济效益。

三、水生植物在水体净化与生态修复中的选用配置原则

不同的水生植物在不同类型的湿地中，其成活率、生长状况、对污染物的吸收转化能力、供氧输送等存在着显著差异。因此，筛选适宜的水生植物，对提高和稳定湿地的净化和生态功能具有重要意义。在水生植物实践应用项目中，如何选用和配置往往是广大建设者最直接、最关心的一项工作。

（一）选用植株生物量大、根系发达、耐污性强的水生植物，是首要原则

植物的根、茎、叶在构造上和生理上是相辅相成的，通常具有“根深叶茂”的一致性。水生植物的地上茎叶要高大茂盛，根系既粗壮密集又深入基质内部，这样有利于在水中吸收更多的有机物、氮、磷等营养成分来形成自身的物质，又有利于氧气及营养物质的运输、交换，促进根部形成更好的微生物活动环境。沉水植物要优先选用容易繁殖、生长迅速、耐污性强、耐深水和浑浊水的品种。

（二）根据水位的不同深度配置植物

各类水生植物对水位深度的适应性差异很大，是其能否成活和正常生长的关键因素之一。通常情况下可以遵循以下原则。

1. 深水区

常年水深1m以上，如水体透明度较高，应以沉水植物为主；或配置生态浮岛。

2. 一般深水区

常年水深0.3～1m的区域，以观赏荷花、睡莲等为主，可配置沉水植物。

3. 浅水区

常年水深 0.3m 以内，是挺水植物的主要生长区域，基本上所有挺水植物均可选用。

4. 水陆消落区

指水岸线上下波动覆盖的水陆交错区，需要选用具有一定耐旱性的挺水或湿生植物。

5. 潜流人工湿地

水位通常在基质之下 10～20cm 位置，结合众多实践工程中水位经常不稳定的情况，要充分考虑湿地的长期水位因素，选用适宜水位变化的品种。

（三）根据不同的基质、载体配置植物

1. 泥土基质

是最常见和普遍的湿地基质，绝大部分水生植物均能适应生长。

2. 碎石等填料基质

是潜流人工湿地的常用基质，潜流湿地的水力水位特征、种植基质、污水浓度、处理效率等各方面，均与表面流湿地有着明显区别和不同要求，对水生植物的选配要求更高，必须选用适合它生长的品种，不然轻则生长不良，重则无法成活。

3. 生态浮岛载体

没有专门装载水生植物的种植篮（穴）的简易网状浮岛，通常只能种植浮叶和漂浮植物；有专门的种植篮或种植孔穴的浮岛，可以种植挺水植物。生态浮岛属于无土栽培，还要选择适应无

土、能水培的品种，及考虑抗风浪、易维护等因素。

（四）根据不同的气候区域、季节配置植物

我国地域广阔，南北气候跨度大，在热带地区应以喜温植物为主，寒带地区则宜配置耐寒性强的植物。目前国内水生植物的主要应用品种，有很多是原产地在我国南方或从南美、非洲等地引进的热带植物，要注意其中有些品种是无法在北方室外自然安全越冬的。在不同的季节移栽植物，要充分了解品种的繁殖特性。很多植物即使在同一地区，但春、夏、秋、冬不同时间的移栽，在后期生长期间也会出现大不相同的状况。

（五）多层次、多物种植物合理搭配

选择多种不同类型的优势品种，可以增加海绵城市生态系统的多样性和稳定性。地上部分形成高低错落的种群，能更充分地利用太阳光能；地下部分根系深浅交错，使好氧微生物活动的范围加大，也有利于有机物质的分解和有毒物质的氧化。具体可体现在：湿生、挺水、浮叶、沉水各类植物空间结构的优化搭配；冬季物种与夏季物种的搭配；多年生物种与一年生物种的搭配；植株高矮、景观效果差异的搭配等。

（六）可以兼顾一定的景观观赏和经济价值

以水体净化和生态修复为目标的植物配置，应以最大限度地提升净化处理能力为主要选用标准。在确保去污能力的条件下，可以适当配置有特定景观效果或经济价值的品种。

（七）容易采集或可以购买的品种

海绵城市建设具有要能大范围推广普及的使命要求，植物工程量和需求量通常也较大，在品种的配置上既要把握品种的去污能力，又要充分考虑其经济实用、操作性强、易推广的因素。选用的品种要么是在野外容易大量采集到的，要么是能够在各专业水

生植物生产基地能采购到的。

(八)慎用易泛滥成灾或破坏生态平衡的品种

如凤眼莲和喜旱莲子草就是两种典型的水生外来入侵种,已造成我国大范围的生态灾难;近些年从国外引进的粉绿狐尾藻、水盾草等也是潜在的入侵种。这些繁殖力、破坏力极强的品种一定要慎用,甚至需要坚决抵制使用。谨慎使用漂浮植物,或在有围护等措施的情况下少量应用。在需要控制生长范围的水体中,荷花等繁殖快速的植物可采用缸或水下花坛等方式来控制。

第四节　城市“双修”背景下滨水景观规划的理论与方法

一、滨水景观规划的理论

物质空间是城市修补的重点,也是城市“双修”工作的中心,提升城市物质空间的质量是最基本的目标,而滨水城市景观的规划又是城市修补景观规划重点示范,尤其是以滨水城市为代表的三亚市,三亚的城市修补总体思路是运用总体城市设计的思路和方法,对涉及城市空间环境、品质特色的各要素进行系统的梳理和研究。以目标导向、特色营造作为“城市修补”工作的总指导,具体运用城市设计的方法,对“城市修补”涉及的各系统要素进行梳理和指引,并进一步找到实施抓手,选取重点斑块、重点地区等进行重点示范,围绕“一湾两河三路两线”来展开工作。

(一)城市空间形态和天际线

通过总体城市设计的专业手法,明确城市的整体空间形态,包括城市的边界、节点、轴线、特色片区等。城市天际线也是体现城市空间形态的重要因素。

城市天际轮廓线，是由建筑高度以及其形态所决定的。设计勾勒重要景观面（如滨海、滨江、滨湖、山前）的天际线对城市空间形态的塑造具有重要作用。滨海、滨江等开阔地区景观面的天际线应突出城市特色、注重形成韵律感，并应尽量“透气”，形成高低有序、疏密有致的城市天际轮廓线，避免大体量连续的建筑群。山前地区应控制建筑高度，留有一定的观山景观视廊和通山绿化廊道，避免遮挡山体景观。特别重要的地标性景观面（如三亚的三亚湾滨海界面等）天际线如遭到个别建筑破坏，应在有条件的情况下进行适当改造。

结合山、水等景观风貌本底布局城市景观节点，结合城市公共服务功能布局城市公共活动节点，提升节点的空间品质和景观风貌水准。对于在当前城市生活中等级已经开始降低或有降低趋势的城市公共活动节点，及时进行功能置换和空间重塑，以适应其新的功能定位。

对于城市空间轴线，规划设计时应尊重现状建设情况，避免不必要的大拆大建；对于已经形成的城市空间轴线，需要进一步控制轴线周边的建筑高度、开发强度，强化序列感；对于严重影响重要空间轴线（特别是具有重要意义的历史空间轴线）的建筑片区，进行逐步更新改造。

结合城市中的历史街区、历史建筑、重要的公共活动空间，布局城市特色片区，打造城市特色空间形态。城市特色一是来源于历史延续，二是来源于地域特点，三是来源于创意创新，应从这三个方面的特色挖掘入手，塑造城市特色空间，增强城市的识别性。

（二）建筑风貌及城市色彩

建设形式应符合地域特点，鼓励采用适应当地气候的建筑材料和建筑形式。对于特色地段的建筑形式应保持统一，特别是历史建筑、历史街区周边应有足够的建筑风貌缓冲区，尽量采用协调的建筑语汇反映历史文化特色。同时，为营造和提升街道的整体空间品质，应当适当更新和增添城市家具。建筑体量应与周边环境相协调，对于位于重点地段因体量过大而影响整体环境风貌的建筑，可采用立面设计分割以减轻体量感。更新建设的地块尤其应该注重与周边地块相协调。

丰富而完整的街道立面及统一的建筑风貌是为城市居民提供舒适活动空间的必要条件。可利用城市设计和控规的管理手段，在建筑退线、建筑贴线率等方面对两侧建筑都提出具体的要求。随着建筑贴线率的提高，街道的活力和趣味性将大大增强，因此对于老城区这类城市范围内活力最强的地方，底层建筑界面控制线退让红线距离不宜大于10m，建筑贴线率不宜小于70%。

城市色彩是城市公共空间中所有裸露物体外部被感知的色彩总和，由自然景观，色彩和历史人文色彩两部分构成。要做好城市色彩的修补，首先要系统梳理城市现状的自然景观色彩和历史人文色彩。自然景观色彩是城市自然生态环境赋予城市的原始色彩，而历史人文色彩是城市在不断的建设发展过程中逐渐形成的主要城市色彩，是地方文化特色的重要体现。

城市色彩修补的目标是在充分考虑自然气候环境、城市发展历史和现状条件的基础上，塑造城市特色明确、整体协调的城市色彩形象。城市色彩修补工作的原则主要体现在以下两个方面。第一，和谐统一，遵循规划。城市中建筑及景观色彩的统一和谐是城市色彩修补工作关键。通过色彩规划明确城市主导色彩，并寻找色系协调的颜色搭配；在整体色调统一协调的基础上，对颜色进行丰富和扩展。此处的“统一”不是“单一”，单一化的色彩虽然可以使城市整体识别感强化，却会导致城市的单调乏味。适当地丰富城市辅助色彩将既照顾整体和谐，又使建筑不乏活力。在符合色彩规划的基础上，通过控制新建建筑色彩、调整问题建筑色彩等方式，对城市色彩进行修补，将有助于三亚形成和谐统一的城市色彩（图4-7）。第二，因地制宜，体现特色。城市色彩修补工作的目标是要通过色彩修补工作，对城市特有自然环境、气候、植被、人文历史进行挖掘梳理，探寻符合城市气质的城市色彩，凸显城市特色魅力。正如丽江古城灰瓦白墙，苏州古城的灰墙黛瓦，都在取材颜色与周围土壤、植被、气候等环境相协调，使城市颜色与城市气质完美结合，并成为城市气质的最好体现。

图 4-7 三亚城市色彩

因此，建筑色彩修补应根据地方特色以及现状建筑色彩的情况，确立城市建设的主导色、辅助色及点缀色，同时列出尽量避免的建筑色彩形式。对于大体量建筑、公共建筑、重要城市节点、城市交通门户的建筑色彩应加强控制，对不符合建筑色彩规定的建筑进行更新整治。

（三）广告牌匾修补与整治

要对广告牌匾进行修补与整治，首先应系统梳理现状广告牌匾存在的问题，进而明确广告牌匾整治的总体原则。总体原则可大致归纳为以下几个方面：广告牌匾的设置与整治应与整体景观环境相结合，市场导向与公共利益相结合，刚性控制与弹性引导相结合，应因地制宜且体现特色，能承受且可推广。

广告牌匾修补宜采用分类型、分区域、分层级进行管控与整治。分类型广告整治指引可以依据广告类型的不同，对各类型广告牌匾制定相应的整治与设置指引，进而规范各类广告牌匾的设置，包括对附着式以及独立式广告牌匾的各种类型提出相应的整治指引。分区域类型的广告整治指引可依据广告牌匾设置区域位置的不同，划分为滨河空间、滨海空间、平交路口、高速公路道路沿线、景观性道路沿线、特色商业街、广场周边、公园绿地周边等类型，对广告牌匾设置提出通则性的要求，以指导广告牌匾整治工作的展开。此外，室外广告牌匾还可以根据整治要求的不同分为广告牌匾集中展示区、严格控制区以及一般设置区三级，分级制定相应的引导及控制要求。广告牌匾修补与整治的引导及控制内容主要包括广告牌匾设置的位置、尺寸、颜色、材质、形式、风格、字体等相关要求。

（四）城市绿地建设

城市绿地景观修补是提升城市公共空间品质一个重要方面。城市绿化景观修补应该是通过对现状城市绿地存在的问题进行系统梳理后，有针对性地分门别类，因地制宜地提出修补和整治的策略和措施，例如针对遭到侵占、借用以及荒弃的不同问题类型，分类进行绿地整治。同时在局部绿地地块修补的基础上，将现有绿地景观资源进行有机的串联与整合，优化城市公共空间和绿地景观系统，形成完善的城市公共绿地体系。

城市绿地修补还应该在完善城市公共绿地体系的基础上，突出近期城市绿地修补的重点工作，通过近期重点工作的推进对后续城市绿地修补工作起到指导和示范作用。近期城市绿地修补重点区域的选择应该从城市绿地空间结构的重点区域入手，充分考虑现状绿地状况以及周边用地产权情况。选取现状绿化景观缺乏并且具备绿地修补条件的区域，重点推进城市绿地修补工作。例如三亚近期绿地修复工作就选取了三亚河上游地区，该地区周边居住用地较多，但绿地公园缺乏，而且两河上游交汇处现状绿化景观条件较好，同时是城市空间景观结构的重要区域，是体现城市景观结构、体现城市特色的重要抓手。因此，选取该区域作为绿地景观修补的近期建设重点区域。

“以人为本”和“生态优先”是城市绿地修补工作的重要原则。

首先,绿地修补工作的开展应该更多地关注社会民生效果以及百姓的诉求,工作绩效应首先考虑让市民满意,给市民带来实惠。避免让绿地修补工作成为简单的栽种植物和美化景观的形象工程。对于城市主要功能中心区,因地制宜设置人流集散、集会的广场。对于城市各主要居住片区,尤其是严重缺乏绿地公园的居住片区,依据周边市民的需求和现状可改造、可建设的条件,营造环境优良的公园绿地以及街道开敞空间。对于现状较差的绿地,进行修整,通过完善优化,营造良好的景观效果和场所感以及良好的开放性和可达性;同时规划实施中还要增补绿地,通过拆旧建绿、见缝插绿,使绿化空间系统化并与周边良好协调,真正做到还绿于民、还景于民。其次,绿地修补应该以"生态优先"为基本原则,体现生态修复的相关要求,绿地建设以自然生态唯美,不宜采用太多人工化的设施,仍应从生态角度出发,强调自然的修复性和多样性,充分展现地方自然山水的独特魅力。

城市绿地对于提高城市空间舒适性具有重要作用与意义。对老城中遭到侵占、借用、荒弃的绿地进行整治,补植行道树,恢复街头绿地公园;选用地方植物,科学组合树种,促进生物多样性,降低养护费用;提高绿化景观设计水平,植物体量、色彩、季节差别搭配合理,形成优美的街道绿化景观;定期、及时养护绿植,对遭到破坏或长势不佳的植被及时补植更新;对于树龄较高、长势较好、已经形成一定景观的植被进行保护,避免不必要的砍伐移植,根据各地实际情况,应明确规定胸径到达一定尺度的大树原则上不移植。

(五)城市照明的改善

城市照明修补也应从城市夜景照明的现状问题入手,以保障城市夜间安全为基本要求,以突出城市总体格局意象为目标,以人的活动空间及视觉感受为重点进行修补。城市照明规划分为城市照明总体规划与城市照明详细规划。城市照明总体规划主要是控制城市夜景发展格局,引导城市照明发展,城市照明详细规划则是落实城市夜景发展格局。城市照明的修补也应从总体规划和详细规划两个层面着手。

总体规划层面，基于城市整体空间格局特点，在充分研究城市照明现状问题的基础上，结合城市相关规划提出城市照明的目标定位、照明结构、功能照明和景观照明。采用点、线、面相结合的方式，对重要的滨海岸线、滨河岸线、重要交通性道路及门户节点、重要商业街区及公共建筑提出夜景照明修补的分类管控与指引。并通过照明指引（如照明政策区划、照明设计导则）指导城市照明建设与发展；同时提出城市照明分期建设计划与政策保障措施，保障规划落地。

详细规划层面，根据总体规划确定的规划结构、重要路径等，结合现状问题及区域发展定位，明确区域的照明结构、空间序列、照明主题等。分功能照明与景观照明两方面提出具有高度针对性的拆除、更新、建设要求。功能照明需明确道路、广场等公共活动空间的各项照明指标，如平均亮（照）度、亮（照）度均匀度、眩光限制阈值增量、环境比及照明功率密度值等；景观照明需以总体规划为依据，综合考虑区域特色、人群的活动规律、环境氛围、照明对象的景观价值等，确定区域的景观视轴、视点、重要节点及照明对象，确定景观照明点、线、面结构的重要性分类分级与亮度、光色分级。对既有对象提出维护或整改要求，对新建对象提出照明建设、控制要求，科学制订城市照明建设计划。

（六）违建拆除和清理

违章建筑是指违反《土地管理法》《城乡规划法》《村庄和集镇规划建设管理条例》等相关法律法规的规定建造的房屋、构筑物及设施。

在城市规划区内，未取得建设工程规划许可证或者违反建设工程规划许可证核定的相关内容建设的建筑都可以认定为违章建筑，诸如：擅自改变了使用性质建成的建筑物；擅自改变建设工程规划许可证的规定建成的建筑物；临时建筑建设后超过有效期未拆除成为永久性建筑的建筑物等。

随着我国经济社会的快速发展,城镇化进程加快,少数人受利益驱动大肆抢搭、抢建违章建筑,给城市健康有序发展、构建秀美人居环境、维护社会公平正义、保障社会公共安全等带来严重隐患。城市修补应把“违建拆除”作为前提性工作予以重视和实施。首先,进行摸底排查,明确违章建筑的数量、分布、现有产权和使用状况。其次,按照确保安全第一、保障社会安定、维护社会公平、优化城市空间的原则,研究和制定拆违的策略、实施计划。再次,加强宣传,依法公开公正执行。

自三亚市开展“城市修补生态修复”工作以来,三亚市借助重点项目建设、棚户区改造为动力,深入开展整治违法建筑攻坚行动,保持拆违力度不减、频率不减违建拆除工作将为下一步完善城市功能、提升城市存量用地使用,带来积极贡献,也将是改善城市总体风貌,优化城市空间品质的重要举措。

二、滨水景观规划的方法

城市是我国经济、政治、文化、社会等方面活动的中心。城市建设是我国现代化建设的重要引擎。“五位一体”的总体布局和“五大发展”理念明确了我国城市转型发展的战略方向。

“城市修补、生态修复”是“为了扭转城市建设粗放发展的旧模式,探索实践我国城市内涵发展建设的新模式”,是实现城市转型发展的催化剂。这种作用的发挥在于不仅系统地改善了城市的物质环境,而且助推了城市治理体系的完善,促进了城市治理能力的提高。滨水城市是城市“双修”的重要内容,这里在城市“双修”的概念指导下,论述滨水景观规划的方法。

(一)滨水区与城市开放空间

滨水区多呈现出沿河流、海岸走向的带状空间布局,因此在进行规划设计时,应将这一地区作为一个整体来进行全面考虑,并通过设置林荫步行道、自行车道、绿色植被、景观小品等内容将滨水区与城市空间联系起来，力求保持水岸线的连续性，并有效地将郊外自然空气和凉风引入市区，改善城市环境质量。

保山三得利美术馆位于日本大阪市天保山栈桥地区临海的一侧，1994年经过大规模的开发后形成新的城市区域，美术馆临海一侧的半公共性广场就是美人鱼广场（图4-8），这座广场包括一座半圆形的露天剧场，更深化了美术馆的公共服务性。

图4-8　保山三得利美术馆的美人鱼广场

（二）滨水区景观中的建筑设计

滨水区作为一个较为开敞的城市空间，沿岸建筑的形式与风格对整个水域空间形态的构成有很大影响。首先要确保沿岸建筑的密度和形式不能损坏城市景观轮廓线，并要保持视觉上的通透性。建筑物的形式风格要与周围环境相互协调，同时也可对建筑屋顶进行绿化来丰富滨水区的空间布局，形成立体的城市绿化系统。

沿岸建筑是对滨水区空间进行限定的界面。当观赏者在较远的距离观看时，最外层的建筑轮廓线便是城市的轮廓线，缺乏层次；当观赏者的视觉距离达到一定范围时，建筑物轮廓的层次性便显得极为重要;当视觉距离再近一些时,建筑物的细部甚至连广告、环境设施或建筑小品等都一览无余,城市两岸的景观不再局限于单纯的轮廓线。具体到每座单体建筑的设计上,则要考虑与其他建筑物的高度、线脚不要相差太远,以保持整体的统一性。

拉德伯恩社区位于新泽西州金色草场,在纽约市以西由几个分散的小社区构成,内部十分注重街道和开放空间的规划,通过道路分级来避免交通过于拥挤,同时也使经过绿化的道路成为社区内部沟通的重要场所。在中国许多的城市也有相似的城区住宅郊区化。

(三)城市跨越空间的形态

桥梁作为城市中能跨越空间的建筑,在滨水区空间中占有特殊地位,往往成为滨水区的标志性景观。也正是由于桥梁跨越空间的特性,因此才能把滨水区两岸的景观联系在一起,达到景观上的连续性。两岸的城市环境、水道的自然景观特点因桥而有机地结合起来,使城市空间形态、景观内容实现统一性和完整性。另外,建于特殊建筑地点的桥梁还可以独立形成特殊的景观,起到点睛或标志物的作用。因此,重视滨水区的桥梁在城市空间中的形态作用,将具有强烈水平延伸感的桥梁与城市地形、建筑及周围环境有机地结合在一起,将有利于创造多维的景观效果。阿姆斯特丹的城市建筑形态是“多样复合”和“有机秩序”的统一。

(四)滨水区绿地景观设计

滨水区接近水体,空气清新,视野开阔,要想创造出真正吸引市民及游客滞留、休憩的场所,绿地系统是必不可少的景观要素。滨水区的绿地系统包括林荫步行道、广场、游艇码头、观景台、赏鱼区、儿童娱乐区等,要结合各种活动空间场所对其进行合理设置。

滨水区的植物选择应体现多样化的特征,使滨水区绿地景观更加丰富。其中群落物种多样性大，适应性强，也易于野生动物栖息。滨水区的绿化应多采用自然化设计，各种植被自然组合，增加软地面和植被覆盖率，种植一些能够遮阴和减少热辐射的乔木类植物。这些植被既可以起到平衡生态、美化城市环境的作用，也为城市提供了丰富的景观和娱乐场所。

第五章　海绵城市的建设与滨水景观规划

海绵城市是中国生态城市建设的重要里程碑，显然，海绵城市作为一项国策，彰显中国水资源管理进入一个新的历史时期，同时也是城市滨水景观规划设计的一个重大突破。本章是对海绵城市建设与滨水景观规划的论述。

第一节　海绵城市的理论

一、“海绵城市”理论提出的背景

当今中国正面临着各种各样的水危机：水资源短缺，水质污染，洪水、城市内涝，地下水位下降，水生物栖息地丧失等，问题非常严重。这些水问题的综合带来的水危机并不是水利部门或者某一部门管理下发生的问题，而是一个系统性、综合的问题，我们亟须一个更为综合全面的解决方案。“海绵城市”理论的提出正是立足于我国的水情特征。

（一）自然环境

我国地理位置与季风气候决定了我国的自然环境状态，多水患，暴雨、洪涝、干旱等灾害同时并存。

我国降水受季风控制，年际变化大，年内季节分布不均，主要集中在6—9月，占到全年的60％～80％，北方甚至占到90％以上，同时，我国气候变化的不确定性带来了暴雨洪水频发、洪峰洪量加大等风险，导致每年夏季成为内涝多发时期。同时，由于汛期洪水峰高量大，绝大部分未得到利用和下渗，导致河流断流与洪水泛滥交替出现，且风险愈来愈极端。

（二）水资源利用

水资源的利用过度，是在快速城镇化过程伴随着水资源的过度开发和水质严重污染。

我国对水资源的开发空前过度，特别是北方地区，黄河、塔里木河、黑河等河流下游出现断流局面，湿地和湖泊大面积消失。地下水严重超采，北方许多地下水降落漏斗区已面临地下水资源枯竭的严重危机。同时，我国的地表水水质污染状况不容乐观。

（三）城市建设

为了城市化与现代化，不科学的工程性措施导致水系统功能整体退化。

城市化和各项灰色基础设施建设导致植被破坏、水土流失、不透水面增加，河湖水体破碎化，地表水与地下水连通中断，极大改变了径流汇流等水文条件，总体趋势呈现汇流加速、洪峰值高。狭隘的、简单的工程思维，也体现在（或起源于）政府决策和部门分割、地区分割、功能分割的水资源管理方式。

二、“海绵”的哲学

以“海绵”来比喻一个富有弹性、具有自然积存、自然渗透、自然净化为特征的生态城市，其中包含深刻的哲理，强调将有化为无，将大化为小，将排他化为包容，将集中化为分散，将快化为慢，将刚硬化为柔和。

（一）完全的生态系统价值观

稍加观察就不难发现，人们对待雨水的态度实际上是非常功利、非常自私的。“海绵”的哲学是包容，雨水作为生态链中的一环是有其价值的，不仅对某个人或某个物种有价值，对整个生态系统而言都具有天然的价值。

（二）就地解决水问题

把灾害转嫁给异地，是几乎一切现代水利工程的起点和终点，诸如防洪大堤和异地调水，而“海绵”的哲学是就地调节旱涝，而非转嫁异地。中国古代的生存智慧是将水作为财富，就地蓄留——无论是来自屋顶的雨水，还是来自山坡的径流——因此有了农家天井中的蓄水缸和遍布中国广大土地的陂塘系统。这种“海绵”景观既是古代先民适应旱涝的智慧，更是地缘社会及邻里关系和谐共生的体现。

（三）分散式

中国常规的水利工程往往是集国家或集体意志办大事的体现。但是这种集中式大工程，如大坝蓄水、跨流域调水、大江大河的防洪大堤、城市的集中排涝管道等，大都为失败案例。从当代的生态价值观来看，也是不可持续的。而民间的分散式或民主式的水利工程往往具有更好的可持续性。古老的民间微型水利工程，如陂塘和水堰，至今仍充满活力。

（四）慢下来的滞蓄

将洪水、雨水快速排掉，是排洪排涝工程最基本的观点。所以三面光的河道截面被认为是最高效的，所以裁弯取直被认为是最科学的，所以河床上的树木和灌草必须清除以减少水流阻力也被认为是天经地义的。这种以“快”为标准的水利工程罔顾水文过程的系统性和水文系统主导因子的完全价值，导致生态环境遭到大幅度的破坏。“海绵”的哲学是将水流慢下来，让它变得心平气和，而不再狂野可怖；让它有机会下渗，滋养生命万物；让它有时间净化自身，更让它有机会服务人类。

（五）弹性应对

当代工程治水忘掉了中国古典哲学的精髓——以柔克刚，却崇尚起“严防死守”的对抗哲学。千百年来的防洪抗洪经验告诉我们，当人类用貌似坚不可摧的防线顽固抵御洪水之时，洪水的破堤反击便不远矣。“海绵”的哲学是弹性，化对抗为和谐共生。如果我们崇尚“智者乐水”的哲学，那么，理水的最高智慧便是以柔克刚。

第二节 海绵城市理念与技术方法

一、海绵城市理念

（一）海绵城市建设总体目标

海绵城市建设要以目标和问题为导向，统筹推进新老城区海绵城市建设。《国务院办公厅印发关于推进海绵城市建设的指导意见》（国办发[2015]75号）要求：从2015年起，全国各城市新区、各类园区、成片开发区要全面落实海绵城市建设要求。老城区要结合城镇棚户区和城乡危房改造、老旧小区有机更新等，以解决城市内涝、雨水收集利用、黑臭水体治理为突破口，推进区域整体治理，逐步实现小雨不积水、大雨不内涝、水体不黑臭、热岛有缓解。重点抓好海绵型建筑与小区、海绵型道路与广场、海绵型公园和绿地建设，自然水系保护与生态修复，以及绿色蓄水、排水与净化利用设施建设等五方面工作，同时，各地要建立海绵城市建设工程项目储备制度，编制项目滚动规划和年度建设计划，避免大拆大建。

从“水资源、水安全、水环境、水生态、水文化”五个基本方面来确定海绵城市建设总体目标，从而实现“修复城市水生态、涵养城市水资源、改善城市水环境、提高城市水安全、复兴城市水文化”的多重目标。

通过海绵城市建设，综合采取“渗、滞、蓄、净、用、排”等措施，最大限度地减少城市开发建设对生态环境的影响，将70%的降雨就地消纳和利用。

2020年，城市建成区20%以上的面积达到目标要求，推进海绵城市建设，打造海绵示范项目。

2030年，城市建成区80%以上的面积达到目标要求。城市建设全面融入海绵理念，大力推进海绵城市建设，逐步实现小雨不积水、大雨不内涝、水体不黑臭、热岛有缓解，成为生态文明城市。

（二）海绵城市设计理念

城市设计的主要工作是对城市空间形态的整体构思与设计，其基本的要素是用地功能、建筑外观及开放空间。

在城市设计的过程中，我们要将“硬质”设计与“软质”设计相结合，统筹考虑。在这一前提下，海绵城市的设计理念应运而生，打造“天人合一”和“融入自然”的思想，是对当代城市设计只注重建筑美学形态这种观念的完善与修正。城市设计应当全面地考虑城市与自然的共生，让雨水、阳光、风、植物与城市空间形态完美地融合，让城市在适应环境变化和应对自然灾害等方面具有良好的“弹性”，真正达到与自然和谐共处的目标（图5-1）。

1. 生态学原则

海绵城市设计应遵循生态学基本原理。生态学虽体系庞大、包罗万象，但其原则主要包含三个关键点：承载力、关系和可持续性。海绵城市设计成功与否的一个重要标准就是其可持续性，一个科学合理的设计必然是环保的、生态的以及可持续的。生态必然是可持续的，不可持续必然不生态。一个可持续的海绵城市设计，必须符合如下生态学原则：

图 5-1 海绵城市新加坡

(1)生态优先原则。在进行海绵城市规划时应该将生态系统的保护放在首位，当生态利益与其他的社会利益和经济利益发生冲突时，应该首要考虑生态安全的需求，满足生态利益。海绵城市应强调生态系统的整体功能，在城市中生态系统具有多种功能，但是生态系统的社会功能、经济功能、供给功能、支持功能以及景观功能均应该以生态功能为基础，形成生态优先，社会一经济一自然的复合生态系统。

(2)保护城市原有的生态系统原则。最大限度地保护原有的河流、湖泊、湿地、坑塘及沟渠等水生态基础设施，尽可能地减少城市建设对原有自然环境的影响，这是海绵城市建设的基本要求。采取生态化、分散的及小规模的源头控制措施，降低城市开发对自然生态环境的冲击和破坏，最大限度地保留原有绿地和湿地。城市开发建设应保护水生态敏感区，优先利用自然排水系统与低影响开发设施，实现雨水的汇集、渗透、净化和可持续水循环，提高水生态系统的自我修复能力，维持城市开发前的自然水文特征，维护城市良好的生态功能。划定城市蓝线，将河流、湖泊等水生态敏感区纳入城市规划区中的非建设用地范围,并与城市雨水管渠系统相衔接。

(3)多级布置及相对分散原则。多级布置和相对分散是指在海绵城市规划过程中,要重视社区和邻里等小尺度区域生态用地的作用,根据自身性质形成多种体量的绿色斑块,降低建设成本,并达到分解径流压力,从源头管理雨水的目的。要将绿地和湿地分为城市、片区及邻里等多重级别,通过分散和生态的低影响开发措施实现径流总量控制、峰值控制、污染控制及雨水资源化利用等目标,防止城镇化区域的河道侵蚀、水土流失及水体污染等。保持城市水系结构的完整性,优化城市河湖水系布局,实现自然、有序排放与调蓄。

(4)因地制宜原则。应根据当地的水资源状况、地理条件、水文特点、水环境保护情况以及当地内涝防治要求等,合理确定开发目标,科学规划和布局。合理选用下沉式绿地、雨水花园、植草沟、透水铺装和多功能调蓄等低影响开发设施。另外,在物种选择上,应该选择乡土植物和耐淹植物,避免植物长时间浸水而影响植物的正常生长,影响净化效果。

(5)系统整合原则。基于海绵城市的理念,系统整合不仅包括传统规划中生态系统与其他系统(道路交通、建筑群及市政等)的整合,更强调了生态系统内部各组成部分之间的关系整合。要将天然水体、人工水体和渗透技术等生态基础设施统筹考虑,再结合城市排水管网设计,将参与雨水管理的各部分整合起来,使其成为一个相互连通的有机整体,使雨水能够顺利地通过多种渠道入渗、贮存、利用和排放,减小暴雨对城市造成的损害。

2.景观生态学应用

景观生态学是生态学中重要的学科分支,也是非常实用的一门科学。它用于指导整个土地利用、土地规划、城市规划、生态系统修复及海绵城市设计等。

(1)景观生态学的主要内容。景观生态学主要有三部分内容:空间、格局、尺度。景观生态学没有改变生态学里的承载力概念,没有改变可持续概念,但是生态关系这部分概念有了三大侧重点。第一,景观生态学突出了空间关系,包括城市天际线的关系、植物与岸边的关系和全球气候变化的空间关系。第二,景观生态学突出格局关系,在自然系统中,空间关系有一定的自然格局,这些格局与系统的功能和结构相辅相成,只要研究好这个格局,在规划设计中追求自然和艺术,就能够实现空间格局关系的艺术性和可持续性。第三,尺度问题,例如:城市污水处理与整条水系治理是处于两个不同的尺度的问题,所涉及的内容不一样,设计的理念也不一样。一个小区的开发与城市区域的发展焦点不一样,不同尺度具有不同的关系,设计师必须掌握好不同系统和区域之间的尺度关系,不同尺度有不同的设计理念、不同的焦点和不同的生态关系,如果能掌握这一点,我们的设计就会是生态的。

景观生态学不但是景观设计师必须掌握的科学、设计理念以及设计技术,也是海绵城市设计师所必需的。因为我们所有的设计都旨在处理空间关系,即空间格局。

去弯取直后,排洪顺畅了,但湿地水位逐渐降低以致消失。面流污染和水土流失没有了湿地的净化,直接进入河道并顺着河道排到湖里。于是自然环境遭到破坏,又需要花大价钱来进行恢复,这就是破坏自然空间格局的代价。

自然湿地里的空间格局,包括河床里的湿地空间格局是有其道理的,一切回归于自然法则。为什么有些地方是芦苇,为什么有些地方是水面?这种芦苇和水面交错镶嵌的空间格局之所以能维持,是几千年来演变的过程,它是自然的,也是可持续的。

同时,作为一个好的生态设计师,在不同尺度里做的应该是不同的设计,或者说,一个好的海绵城市设计,有不同的多样性。有些地方可为,有些地方不可为,这就是设计全部创意的理念。还有,海绵城市设计除了要有前瞻性,还要考虑比设计区域更大的区域的影响。设计不能局限于所设计的区域范围。比如,从生态角度来讲，三峡工程的影响可能不局限于三峡库区。在远离三峡的鄱阳湖的湖水连续干枯，为什么呢？我们知道，水系里的泥沙是宝贵的资源，黄河平原、珠三角及长三角都是泥沙淤积形成。三峡工程建设后，长江中下游江水含沙量锐减，泥沙减少河水就会切割河床，原本长江水流入鄱阳湖然后流出，长江河床下切以后，流进鄱阳湖的长江水减少，鄱阳湖的水位就急剧下降，其生态影响是难以估量的。从生态学来讲，有些影响是长远的、跨区域的以及巨大的。一个可持续的海绵城市设计，就不能不考虑这种长远的和跨区域的大尺度影响。

(2)景观生态学的结构与功能。景观生态学以不同尺度的景观系统为主要研究对象，以景观格局、功能和动态等为研究重点，其中景观结构为不同类型的景观单元以及它们之间的多样性和空间关系。景观功能为景观结构与其他生态学过程之间的相互作用，或景观结构内部组成单元之间的相互作用。在一定程度上，景观结构决定着景观功能，而景观功能又影响着景观结构。

斑块、廊道和基质是景观生态学用来解释景观结构的基本模式。斑块是指与周围环境在外貌或性质上不同，但又具有一定内部均质性的空间部分，常见的形式可以是湖泊、农田、森林、草原、居住区及工业区等。廊道为景观格局中与相邻周围环境呈现不同景观特征并且呈线性或带状的结构。常见的廊道形式为河流、防风林带、道路、冲沟及高压线路下的绿带等。景观中任意一个要素不是在某斑块内就是在起连接作用的廊道内或是落在基质内，三者是有机的统一体。

(3)景观生态学在海绵城市设计中的应用。景观生态学在海绵城市设计中的应用主要表现在：流域层面、城市层面以及场地层面上。

1)流域层面。地表和地下水来源的区域就是流域。因此我们要防止上游、支流河流的水土流失和湖泊蓄滞洪水能力下降，阻止上流水域生态服务功能退化所导致的中下游城市的洪水泛滥。

2)城市层面。在城市建设过程中,不合理的规划和建设使得本可以在景观生态过程中进行自然演化的基质和斑块却因受到人工斑块的侵蚀而破坏乃至消失。城市发展建设规划必须以水循环的生态过程为依据和基础,调整城市用地布局,完善城市水系结构,采取雨水生态补偿,恢复和保护这些重要景观要素的结构和功能,从而达到保障城市安全的目的。

3)场地层面。场地设计中导致城市型水灾发生的主要原因之一就是不分场所地将雨水迅速排到城市雨水管网中,根据景观生态学原理,当我们进行的活动引起景观系统发生变化时,我们应该尽可能多地实现景观功能价值。所以通过集蓄利用雨水、渗透回灌地下水、综合利用雨水将场地的设计和生态环境结合起来,实现防灾减灾。

以景观生态学为原理对流域、城市和场地三个不同层面进行分析,通过在流域层面构建一个稳定、完善的生态系统,城市层面维护城市自然水循环过程,场地层面利用雨水并保持场地雨水渗入通畅,最终实现海绵城市的设计理念。

3.海绵城市设计与生态基础设施设计

城市生态基础设施由流域汇水系统以及城市的排水系统构成,是具有净化、绿化、活化及美化综合功能的湿地(肾)、绿地(肺)、地表和建筑物表层(皮)、废弃物排放、处置、调节和缓冲带(口),以及城市的山形水系和生态交通网络(脉)等在生态系统尺度的整合,涵盖了城市绿地、城市水系以及生态化的人工基础设施系统(建筑及道路系统)等,与城市灰色基础设施相比而言,生态基础设施建设对于维持生态安全和城市健康更为重要,是城市可持续发展和生态城市建设的保障。

海绵城市建设,以修复城市水生态环境为前提,综合采用“渗、滞、蓄、净、用、排”等工程技术措施,将城市建设成为具有“自然积存、自然渗透、自然净化”功能的“海绵体”,旨在解决城市地下水涵养、雨洪资源利用、雨水径流污染控制、排水能力提升与内涝风险防控等问题。因此，从广义上来说，海绵城市建设包括城市生态基础设施建设和生态城市建设，其主要建设途径是低影响开发设施的构建。

海绵城市建设采用低影响开发技术，从而实现雨水“渗、滞、蓄、净、用、排”等的低影响开发设施的耦合。将低影响开发设施融入城市绿地、水系、建筑及道路交通等的规划设计中，并使之形成各生态基础设施的整合系统，是雨洪管理的重要手段和措施。

绿地系统是城市中最大的“海绵体”，也是构建低影响开发雨水系统的重要场地。其调蓄功能较其他用地要高，并且可担负周边建设用地海绵城市建设的荷载要求。城市绿地及广场的自身径流雨水可通过透水铺装、生物滞留设施和植草沟等小型及分散式的低影响开发设施进行雨水消纳，而在城市湿地公园和有景观水体的城市绿地及广场中，更宜建立雨水湿地和湿塘等集中调蓄设施。

水系是城市径流雨水的自然排放通道（河流）、净化体（湿地）及调蓄空间（湖泊、坑塘等）。首先，其岸线应尽量设计为生态驳岸，以提高水体的自净能力；其次，在维持天然水体的生态环境前提下，充分利用城市自然水体设计湿塘和雨水湿地等雨水调蓄设施；最后，滨水绿化控制线范围内的绿化带可设计为植被缓冲带，以削减相邻城市道路等不透水面的径流雨水的径流流速和污染负荷。

路面及建筑屋面是降雨产汇流的主要源头。对城市道路而言，人行道、车流量和荷载较小的道路宜采用透水铺装，道路两旁绿化带和道路红线外绿地可设计为植被缓冲带、下沉式绿地、生物滞留带及雨水湿地等（图 5-2）。此外，植草沟、生态树池和渗管或渠等也可实现雨水的渗透、储存及调节。植被缓冲带、渗透沟渠与植草沟在道路建设中的应用。而对于建筑屋面，绿色屋顶是较为有效的低影响开发设施（图 5-3），也可用雨水罐和地上或地下蓄水池等设施对屋面雨水进行集蓄回用。

图 5-2　雨水花园

图 5-3　屋顶绿化

径流雨水首先应利用沉淀池和前置塘等进行预处理，然后汇入道路绿化带及周边绿地内的低影响开发设施，且设施内的溢流排放系统应与其他低影响开发设施或城市的雨水管渠系统和超标雨水径流排放系统相衔接，以实现“肾—肺—皮—口—脉”的有机整合。

在城市总体规划的指导下，做好低影响开发设施（城市绿地、水系、建筑及道路交通等生态基础设施）的类型与规模设计及空间布局，使城市绿地、花园、道路、房屋及广场等都能成为消纳雨水的绿色设施。并且,结合城市景观及城市排水防涝系统进行规划设计,在削减城市径流和净化雨水水质的同时形成良好的景观效果,实现海绵城市建设"修复水生态、涵养水资源、改善水环境、提高水安全及复兴水文化"的多重目标。

4.海绵城市设计与生态城市设计

现代城市开发建设的蓬勃发展给我们的生活带来了诸多便利,同时也留下了许多顽疾。其中,与市民生活息息相关的"水"问题,成为众多城市悬而未决的难题。现代城市中,混凝土和柏油路等硬质路面的大量建设,致使雨水一般只能通过人工管道排放,土壤失去了本身的渗透能力。雨季,城市管道排放系统往往会瘫痪,造成严重的内涝。内涝已成为强降雨后,中国众多城市的常态,全城看"海"的戏剧性场面亦屡见不鲜。

大规模地建造硬质道路广场和高层建筑,导致绿地和水体相应减少,增强了热量传导及光线折射,减缓了热量的散失,造成了城市"热岛效应"。针对这一系列的城市生态环境及水资源利用问题,国家提出了"海绵城市"的建设目标与技术指南,通过建设"海绵城市",能有效地降低城市的内涝风险,同时缓解城市水资源缺乏问题,体现了"可持续"城市建设理念。

建设海绵城市,首先要改变传统城市"快速排水"和"集中处理"的规划设计理念,传统思维认为将雨水快速排出及大量排出是最好的方法,这样的理念指导市政规划设计,其结果根本无法缓解内涝严重的问题,同时还在城市中出现旱涝急转的状态,造成不可估量的损失。故在海绵城市的规划设计理念中,应考虑水的循环利用,统筹将水循环和控制径流污染相结合,而其中最重要的就是增加城市弹性的"海绵体"。城市原有的"海绵体"通常包括河、湖及池塘等水系,是天然的蓄水、排水和取水区域。而海绵城市的建设则是在城市中又新增了下沉式绿地、雨水花园、植草沟渠、植被过滤带和可渗透路面等一系列低影响开发设施,视其为"新海绵体"。强调不随意浪费及排放雨水,使雨水渗透进这些“海绵体”，进行贮存、净化和循环利用，提高城市水资源利用的同时，减轻了城市的排水压力，降低了城市污水的负荷。

在海绵城市建设规划中，对河湖、湿地和沟渠等现存的“海绵体”进行最大限度的保护，修复遭受破坏的生态环境，严格控制周边的开发建设。从整体的规划角度来看，应强调将海绵城市理念引入城乡各层级规划中，在总体规划中强调合理划定城市的蓝线和绿线，保护河流、湖泊及湿地等自然生态资源，将海绵城市建设的要求与城市的绿地系统、水系布局和市政工程建设相结合；在控规中，将屋顶绿化率、垂直绿化率、下沉式绿地率和透水铺装率等纳入控规指标中，使其能够更合理有效地进行作业；此外，将海绵城市的建设理念植入绿地系统规划和城市排水防洪规划等各类专项规划中，并保证确实有效地实施。落实于具体建设方面，主要以住区、道路、公园广场和商业综合体等为对象，融入海绵城市理念。如在传统旧城区内，进行大规模的地下管道建设十分困难，但凡遇到暴雨天气，地处低洼的住区往往内涝严重，通过海绵城市设计理念，将原有铺装置换成透水铺装，建设下沉式绿地及雨水花坛，适当增加屋顶绿化，不仅能够使雨水下渗，净化生活用水和消防用水等，同时也能够缓解城市热岛效应。至于道路方面的建设，可以对道路两侧的广场和步道采用透水铺装并设置道路绿化带、生态树池、植草沟和地下蓄水池等，增加地面的透水性及绿化覆盖率，最大限度地把雨水保留下来，通过管道与周边的公园水系和河流相结合，形成城市的应急储备水源。

海绵城市的建设目前还处于起步阶段，我们应该将新的理念融入已有的城市规划中。从而更好地创造适合市民生活的空间环境。

5.海绵城市设计与流域生态治理

1)流域治理同海绵城市的关系。流域指由分水线所包围的河流集水区，是一个有界水文系统，在这个地区的土地内所有生物的日常活动都与其共同河道有着千丝万缕的联系。

流域是一个动态的有组织的复合系统。大气干湿沉降因素、人类日常活动以及周边大自然的新陈代谢都是影响流域系统的重要因素。随着中国城镇化的快速发展,水资源的污染问题已受到广泛的重视。水污染治理,必须统筹考虑整个流域,重点从点源污染和面源污染的防治着手,同时修复水生态自净化系统,真正做到恢复流域内的自然生境。海绵城市理念主要针对雨水管理,实现雨水资源的利用和生态环境保护,极大地缓解城市面源污染的入河风险。因此,城市的规划与建设应以环境承载力为中心,建立海绵城市系统,实现流域生态系统可持续发展。

2)流域治理针对的问题

(1)洪涝问题

从大禹治水到四川都江堰,中国从未停止与河道洪水抗争,都江堰的建造摒弃对洪水采用“围堵”的方式,而是多以“疏洪”为主。但是,现如今河滨城市的发展与河道周边的土地存在无可避免的竞争关系,临河而建的城市为保护城镇居民活动在河道两侧修建人工堤坝。堤坝分隔了陆地生态系统与河道生态系统的联系,无法使河道实现天然滞洪、分洪削峰和调节水位等功能,且堤坝承受压力过大,遭遇重大洪水灾害的应对弹性低。随着河岸两侧表土流失严重,河床逐渐垫高,河流变成天上河,呈现出“堤高水涨,水涨堤高”的恶性循环。另外,城市化进程加快,地面大量硬化,人口集聚,市政管道排涝能力滞后于城市进程,强降雨时城镇积水较为严重,逐渐形成城镇现有的突出问题——内涝灾害。

(2)干旱问题

城镇为避免内涝灾害,多以雨水“快排”的方式,使雨洪流入市政管道,保证地面干燥,久之则地下水位降低,出现旱季无水可用的现象。因此,补给地下水的需求尤为急切。

(3)污染问题

流域治理要将整个流域的生态系统与人体健康安全统筹考虑。地表径流具有“汇集”的特征,地表污染物随地表径流的汇集而进入江河湖泊。另外,早期中国工业化发展以及城镇建设多以牺牲环境为代价，污水处理厂的尾水排放标准不高，且存在企业为减少成本偷排污水的现象。截污工程推进缓慢，河流被一污再污，黑臭现象突出，使城镇居民陷入水质型缺水危机。

因此，对于流域的总体治理应该从城市的角度权衡，减少人类生产生活对生态环境的破坏，降低人为干扰因素。建设海绵城市正是从减少人为干扰出发，从源头控制污染，合理管理利用雨洪资源，补充地下水。

二、海绵城市技术方法

（一）城市排水

1. 主干排水

对于地表径流来说，影响其排水系统的形式的重要因素通常是辅助排水系统的容量。辅助排水系统主要包括修建的管道与明渠，而主干排水系统主要是由天然的渠道与地表流路径共同组成。

城市排水系统进行的常规设计规程通常都集中于辅助系统方面，辅助系统主要是由已经建成的排水管、渠道和洪水保护等其他的形式工程所共同构成的，是系统中最容易被人们识别出来的组成部分，但是，没有考虑这样的事实：在热带气候地区，径流往往都要大于排水的基础设施容量，径流通常有很大一部分是形成地表的漫流。主干系统排除大雨所形成的洪水，主干系统往往也是十分重要的，由于在强暴雨时期，如果这些流量没有地方可以排出，必定会造成十分严重的财产损失与人身伤害。

图 5-4 是在正常流量基础上出现的主干排水系统集水区的排水路径。这种排水方式起源于 19 世纪的欧洲，是最早出现的合流制排水系统，将生活污水、工业废水和雨水混合在同一个管渠内，管渠系统的布置就近坡向水体，分若干个排水口，混合的污水

不经处理和利用直接就近排入水体。但是，一旦超过了正常的流量，主干排水系统往往会占据极大的优势，而且显示的流程路径，并非是辅助排水系统的路径，而主要是根据地势与地表的条件来决定主干排水的路径。在平坦的集水区，这一点尤为明显，那里的地形差相对比较小。

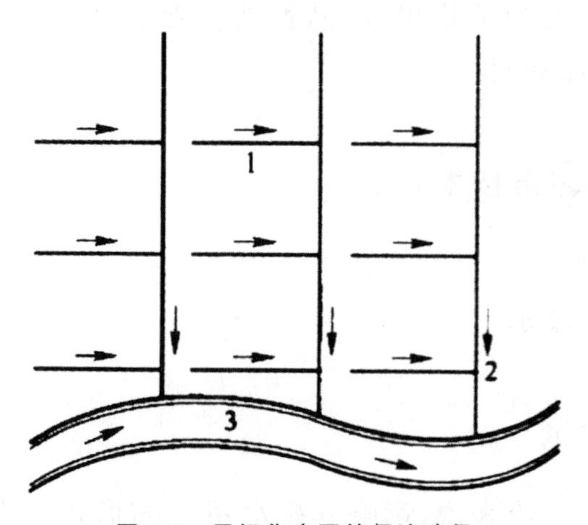

图 5-4　平坦集水区的径流路径

1—径流支线；2—合流干管；3—主干排水

主干的排水系统主要作用十分重要，道路、车道以及露天场所的容量都能够形成排水系统的重要组成部分，它们控制大规模洪水。事实上，在强暴雨时期，大部分的径流主要是通过街道以及其他地面的漫流形成。

在热带以及亚热带地区，次要和主要排水系统之间都存在相互的作用，二者在洪水爆发时期通常都是非常重要的。确定好不同强度的暴雨时期其径流的运动路径通常是一种极好的方法。但是，虽然这对于城市环境中出现的径流排出以及洪水减轻都能产生十分重要的作用，但是大多数城市的排水设计往往都不去考虑这些因素。所以，同时兼顾次要与主要排水系统就成为排水工程师的重要责任。

2.立交排水

立交道路进行排水，其主要的任务就是要进一步解决降雨的地面径流以及其对道路功能和对地下水的排除影响，通常都不需要考虑降雪产生的影响。对个别雪量比较大的区域应该进行融雪流量的校对与考核。

立交排水特征立交排水和普通的道路排水存在极大的不同，具有下列典型的特征。

(1)缩小汇水面积，减少设计流量。需要尽可能地缩小汇水的面积，以此来减少设计的基本流量。立交的类别与形式也是比较多的，每座立交所组成的部分通常也是不完全相同的，但是其汇水的面积通常都应该包括引道、坡道、匝道、跨线桥、绿地或者建筑红线之内适当的面积(约为10米)。在划分汇水的面积过程中，一旦条件允许，应该尽可能把属于立交范围之内的面积划归到附近的另外排水系统之中。或者采取分散排放的原则，也就是高水高排，低水低排。这样可以有效避免所有的雨水都汇集到最低点，以至于造成排泄不及时而产生积水。同时还需要防止地面高的水进入到低水系统的拦截措施。

(2)注意地下水的排除。当立交工程的最低点比地下水位要低时，为了可以保证路基市场处于干燥的状态，使其可以具有足够强度与稳定性，需要采取一些必备的措施将地下水排除。一般可以用埋设渗渠或者花管等方式，以方便吸收、汇集地下水，使其能够自流进附近的排水干管或者河湖中。如果高程超出了自流排出的高度时，则需要架设泵站抽升。

(3)排水设计标准高于普通道路。因为立交道路在交通上存在着十分特殊的性质，为了充分保证交通不受其影响，实现畅通无阻，排水设计的标准往往都应该高于普通的道路。雨水管渠的设计重现期不应少于10年，位于中心城区一些比较重要的地区，其设计重现期应为20～30年，同一立交的不同部位通常都可以采用完全不同的重现期；径流系数宜为0.8～1.0；地面的集水时间可以依据道路的坡长、坡度以及路面的粗糙程度等加以计算来确定，通常都应该是 2～10min。

(4)雨水口布设的位置应该方便拦截径流。立交的雨水口通常都是沿着坡道两侧进行对称分布，越接近最低点，雨水口的布置也就越密集，常常开始是单箅或者双箅，到最低点则增加至 8 箅或者 10 箅。另外一种布置形式主要是在立交的最低点，横跨路面来布置一排(或者对应两排)雨水口，这种截流方式尽管截流量比较大，但是对车辆的行驶确实不方便，没有前一种设计好。面积比较大的立交，除了坡道之外，通常还会在引道、匝道、绿地中一些比较适当的距离与位置处也布置一些雨水口。位于最高位置的跨线桥，为了不让雨水流经太长的距离，往往都是由泄水孔把雨水排入立管之中，再引入下层的雨水口或者检查井中。

雨水口的数量布置，应该和设计的流量相符合，并且还应该充分考虑到树叶杂草等可能造成的堵塞不利状况，通常在计算雨水口的总数之后，还应该视重要性乘以 1.2～1.5 的安全系数。

(5)管道布置以及断面的选择。对于立交排水管道进行有效的布置，应该和其他的市政管道进行综合的考虑，同时还应该避开和立交桥的基础以及与其他市政设施之间的相互矛盾。如果不可避开，应该从其结构上充分考虑对其加固或者改用铸铁管材等，以此来解决承载力与不均匀下沉的情况。除此之外，立交工程的交通量也是比较大的，排水管道的维护管理通常都是十分困难的，往往都能够把管道断面适当地加大，起点最小断面应该不小于 400mm，以下各段的设计断面都应该比计算的要加大一级。

3. 立交排水的形式

1)自流排水

自流排水通常都属于最经济、划算的排水措施，它不需要有专职的管理人员参与进来，也不会消耗过多的能源，所以，在考虑到立交排水的方案设计时，应该在总体的规划允许范围中，力争达到可以自流排出。

2)先蓄后排

当出现洪峰时,如果水体(或者干管)水位高于立交路面的最低点,通常都可以把不会自流排除的水流量暂时地引入到蓄水池加以贮存,与历时比较短的洪峰错开,等水体(或干管)水位回落,再自流排出。

(1)先蓄后排的条件

第一,立交附近要有可供排水的干管或者河道,只需要修建比较短的出水管,也就能够在洪峰之后把蓄水池放空。

第二,汇水的面积比较小,蓄水量也较小,一场雨所产生的所有水量最好是不要超过 1 000m^3,在立交用地之内还应该有布设蓄水池较为合适的位置。

第三,和其他的市政管道之间没有太大的交叉矛盾,立交中的雨水管道可以自流接入到蓄水池进行蓄水,蓄水池也可以自流接到干管或者河道进行泄空。

(2)蓄水池容量计算

确定好蓄水池的容量,和汇水的面积、全场的雨量、降雨强度、降雨所持续的时间存在密切的关系。通常情况下,汇水面积都是已知数,P 值根据规范选用,降雨所持续的时间 f 主要是由设计人员依据当地降雨资料进行统计分析之后再选定。

另外一种方法,就是在当地数十年中的降雨记录中,找出 0、100mm、150mm、200mm 以上的降雨分别若干场,经过仔细的研究分析之后,最终确定好采用其中的某一个数值当作设计标准,根据全场降雨流量做出存蓄的考虑,也就是要用其一场雨的降雨量 H 值乘上汇水面积,就计算出了蓄水池的容量。

(3)清泥设备

沿蓄水池可以引进 DN 75 自来水管,池壁中同样也要设有 DN 50 钢管,高程距池底大约为 0.5m,每隔 4m 都应该安装 DN 19 喷嘴一个,压力通常在 0.2MPa 左右,可以把池内的淤积泥沙冲洗到水池的最低位置,再排进下水道或者河道之中,也可以采用人工或者机械进行清除。

(4)闸门尺寸和控制

设计一座进出水的闸门,闸门的尺寸需要依据来水量加以确定,通常需要和来水干管相同,为了最大限度节约造价,也可以比来水管小1～2级。设立一个配水井来调节水量,配水井的大小需要依据来水管与出水管的流量加以计算。

闸门控制:正常使用过程中需要靠电动进行控制,有故障的时候可以靠手轮起闭。电动闸门则可以自动启动,用逻辑元件来对线路实施控制,要建立一个液位控制器来反映水位变化情况。

3)抽升排水

当下游水体(或干管)水位高于立交最低路面,又无条件修建蓄水池(或经济上不合理)时,就需要设置泵站去抽升,解决好排水的相关问题。

(二)暴雨径流的蓄滞

人们对于排水输送管道的存贮所具有的重要性通常存在认识不足的问题,所以就未能在大多设计之中将其囊括在内。但是,从洪水的缓解角度来看,它可以提供一种非常大的存贮量,而且存贮量与流动水量间存在着十分复杂的水力关系,这对于排水系统整体的功能作用都是十分重要的。

除了排水系统自身的存贮以外,暴雨截留调节池以及滞留调节池(也可以称之为盆地)同样也是控制暴雨径十分有效的方式,作为洪水的重要保护措施被人们广泛应用在生产生活中。

1.滞留调节池

滞留调节池主要是贮存池或者某一区域,设计主要是用于“滞留”径流的,在暴雨径流逐渐结束之后再完全排放,在两场暴雨期间都是干的。滞留调节池可以是衬砌,也可以不衬砌,不衬砌的池子往往都是种植植被。延时滞留池的出口通常都更小,以延长频繁的降雨产生的截留时间,方便通过沉淀作用加速污染物的去除。

暴雨滞留系统必须要能够在各种水力和污染物的负荷状态

下加以运行。其设计通常都包括了要为延时滞留调节池规定的统一的滞留时间，以便能够保证对水质的控制。

但是，在实践过程中，暴雨污染物的滞留周期通常都需要依据系统的水文条件（如入流的特征以及前期的储存情况）与污染过程线的特征而不断发生变化。所以，滞留系统需要除去悬浮固体以及暴雨中所伴生的污染物的性能都是高度变化的。

对于选作暴雨径流滞留区的开发控制同样也是十分重要的。能够运用土地控制的创新方式，这种方法通常都是在洪水时期产生十分积极的作用。在巴西，选定用来防洪的地区往往也会作为体育与娱乐地区，阻止非法建筑的侵入或者非法居住。

2. 截留调节池

截留调节池通常也被人们称为湿池塘，因为它们永久保留着水。来自天然的排水系统（如一条小河）的旱季基流、衬砌池子、高地下水位等通常都需要维护永久的水池。池中水往往会在暴雨时期被转移出去，并且还会被雨水部分或者全部替换。因为土壤入渗与蒸发，还可以导致其他损失。

除了水池的水力功用以外，因为沙子、泥沙以及黏土所起到的沉积作用，尤其是因为初期的雨洪中沉积物以及相应的污染物收集，水质往往都会出现改进。但是，污染物的减少程度主要取决于池子大小以及入口与出口的位置。

除了作为雨洪径流的控制设施功能外，雨洪池塘往往还能作为审美与消遣目的服务区域，池塘通常都能够结合用于滤渗、雨水回用等。

（三）雨洪的调蓄与入渗

1. 雨洪的调蓄设施

雨洪调蓄是拦截滞蓄超标准暴雨径流的设施，可采用地表调蓄池或地下调蓄池等。雨水汇集进入雨水调蓄设施滞留，待雨后或下游洪水消退后，再泄放或储存利用，以缓解城市排水压力。

雨洪调蓄池通常设有进水口、出水口、溢流口等，可采用渗透池底，也可在池边种植植物和放养水生物，保护水质。

地下雨洪调蓄池与地下蓄水池的结构型式完全相同，只是运行的方式不同。

2. 雨洪的入渗

在有些具有极好通透性的土壤中，其径流的水质通常都不会造成地下水的污染状况出现，雨水直接可以入渗到地下，这也是雨水管理一个十分重要的源头控制发展策略。相对于无污染的雨水径流入渗能够减少径流的量与速率，还可以补充地下水的过度开发，进而能够维持河流基流、提供供水的水源。尽管入渗系统不能阻止一些较大的洪涝灾害的发生，但通过减少径流通常都能够降低排水系统的水力负荷。这不仅有助于缓解洪水的相关问题，还有利于减少合流制管道溢流等多方面的问题。

透水地面通常都位于交通负荷量比较低的地方(如停车场，图 5-5)是十分适用的，除透水的地面与各种入渗设施，还包括各种类型的渗坑设施，渗坑设施同时还包括多孔管道、池子、渠道以及洼地等。

图 5-5　透水停车场

（四）截污净化技术

截污净化技术由植被缓冲带、初期雨水弃流设施、人工土壤渗滤等构成。

1. 植被缓冲带

植被缓冲带为坡度较缓的植被区，经植被拦截及土壤下渗作用减缓地表径流流速，并去除径流中的部分污染物，植被缓冲带坡度一般为2%～6%，宽度不宜小于2m。植被缓冲带适用于道路等不透水面周边，可作为生物滞留设施等低影响开发设施的预处理设施，也可作为城市水系的滨水绿化带，但坡度较大（大于6%）时，植被缓冲带雨水净化效果相对较差。

2. 初期雨水弃流设施

初期雨水弃流设施是低影响开发设施的重要预处理设施，适用于屋面雨水的雨落管、径流雨水的集中入口等低影响开发设施的前端。常见的初期弃流方法包括容积法弃流、小管弃流（水流切换法）等，弃流形式包括自控弃流、渗透弃流、弃流池、雨落管弃流等。

3. 人工土壤渗滤

雨水人工土壤渗滤主要作为蓄水池等雨水储存设施的配套雨水设施，其实质是一种生物过滤。其核心是通过土壤、植被、微生物生态系统净化功能来完成物理、化学、物理化学以及生物等净化过程。雨水人工土壤渗滤的作用机理包括土壤颗粒的过滤作用、表面吸附作用、离子交换、植物根系和土壤中生物对污染物的吸收分解等。雨水人工土壤渗滤分为垂直渗滤和水平渗滤。

第三节　海绵城市背景下的城市雨水资源化管理

一、雨水资源化管理

当前的雨水管理设计可以看出几大趋势。在洪水泛滥的地区，雨水可能是个麻烦：但是到了缺水的地区，又成为珍贵的资源。

水资源综合管理(IWM)是针对水文循环的一种总体设计策略。水资源综合管理设计会考虑各种水源，使其满足不同的要求或终端需求，会建立适当的水文层次，满足未来的需求。在水资源综合管理的开发中，要考虑很多与水文循环相关的外部因素。这些外部因素有有利的，也有有害的，比如说，洪水、河道健康状况以及宜居性。

水资源综合管理的设计旨在满足我们未来的水资源需求，这样的设计带来多功能的开发。水文循环的多功能开发能避免无效或低效的设计(比如，只在洪水发生时才用到的蓄水区)。这种多功能开发受到当地的开发特点和未来的发展需求的影响(表 5-1)。

表 5-1　城市雨水资源化管理

雨水管理趋势	案例分析	水资源综合管理设计理念
智能多功能蓄水池	渔人湾(设计策略)	蓄水池的大小根据洪水管理目标而定，同时，非泛洪时期也能利用其存储功能
多功能湖泊	皇家植物园湿地(已竣工)	利用既有湖泊来收集雨水，同时注意不影响湖泊的水质健康和基本功能
	东威勒比办公(设计策略)	聚焦复杂环境中的洪水管理，尽量减少可开发土地的占用，能改善水质，又能营造舒适的休闲空间

续表

雨水管理趋势	案例分析	水资源综合管理设计理念
“绿轴”与街道景观	墨尔本西部绿化（设计策略）	利用被动式水源为景观灌溉，社区环境更加宜居
	渔人湾（设计策略）	早期进行街道“绿轴”的规划，将洪水管理与道路交通相结合。设计难度较大

当前雨水资源化管理设计中存在的几个主要趋势如下：

(1)采用多功能蓄水池，规模体量不一。

(2)新建或改造水体和湖泊，赋予其多重功能：既能作为公共空间，又能蓄积雨水和防洪。

(3)通过创新的被动式灌溉方法打造“绿轴”，进行街道和公共空间的绿化。

二、雨水管理重要性

针对雨水管理的设计在很多现代景观设计实践中都是根本出发点。景观设计师，主要是针对土地来开展设计，可以说是在改变地形地貌。而地势的重塑，或者说地平面高度的改变，就必然与水发生直接的、不可分割的关系。如果设计师把水作为设计中的一个景观元素，这样设计出来的作品不但更有动感，也更符合环保理念，还能提升公众的节水环保意识。

2000年年初，波特兰市“雨水花园”的项目发表后，很快在业界广为流传，大家对景观设计和雨水管理的作用的认识开始发生改变。那时候，很多设计都已经采用了“可持续城市排水系统”，但是“雨水花园”以一种全新的美观而诗意的方式，解决了曾经被视为属于土木工程领域的问题。波特兰的那个项目引发了业界的讨论——寻求创新的雨水管理方式。很多设计公司，比如美国的MWA，已经进行了多年的实践，积累了丰富经验，现在这些经验已经成为他们设计的重要基石。雨水管理的美学问题以及如何使其直观地改善城区环境开始进入讨论。

关于环境问题也有讨论。如果我们能控制、管理雨水并最终实现再利用,那么,向地下蓄水层索取的可饮用水就能减少。雨水再利用也能完成水的自然循环过程,有利于植物生长,降低气温,循环的过程中还能对水体进行补给。收集屋顶雨水径流就能产生相当大的水量,不难想象渗入土地中的雨水有多少——尽管在某些地方,收集屋顶雨水径流是非法的(这在我看来是一种有违常理的规定)。

"海绵城市"应该也会是美丽的,因为当植物有了适当的环境湿度,它们就能像在大自然中一样繁茂地生长。"海绵城市"同时也具备适应能力,它不是简单地把水排除在外,而是能与水共处,能适应附近水道的水量波动。浙江金华的燕尾洲公园就是一个极好的案例,当地洪水频发,所以公园里预留了大片沼泽地来应对洪水,即使被水淹没,上方还有高架桥确保城市交通。

三、雨水资源管理的方法及材料

(一)雨水处理方法

雨水处理的设计方法和材料选择主要取决于用地的环境以及甲方和项目团队的设计意图。例如,公园有一个很重要的功能,就是应对洪暴,如果公园的设计能够兼顾日常的使用功能和洪暴应对功能,那么这样的公园会是非常有效的雨水管理措施。开放式空间就相当于海绵,能吸收排水管道无法负荷的多余的水流,补充地下水。又如伦敦的伊丽莎白女王奥运公园,LDA 设计公司与哈格里夫斯景观事务所根据公园旁边利河的环境,共同打造了全新的景观。公园施工建设期间,伦敦的气候经历了有史以来最多雨的几年。利河的水面漫到堤岸上来,淹没了旁边的土地——正如我们预料的那样,公园也发挥了吸收多余水量的作用。新建的林地成功抵御了大水侵袭，而且洪水退去后，植物仍能继续繁茂地生长。河岸上的芦苇地起到固化土壤、稳固地形的作用。公园内的地势经过重新设计，能够收集雨水并将水流导向利河，汇入河流之前植物能先通过捕捉微粒、过滤杂物、缓解污染来净化水流，这些沼泽地不但具有雨水管理的实用功能，同时，也营造了优美的景观环境。植物的品种根据土壤的特点和沼泽的湿度条件来选择。

2012年飓风“桑迪”(Sandy)过后，BIG公司在灾后重建设计竞赛中提交了“干旱线”设计方案，这也是一个以“海绵城市”为目标的公园设计。这个设计将景观与基础设施合而为一，创造了下曼哈顿区一种新型公园，能够抵御洪水侵袭，符合雷德倡导的城市“吸收、适应并转化”雨水的理念，公园内的一系列沼泽地能吸收水流并引导洪暴的方向。此外，还有核心的抗洪基础设施与之结合，共同抵御洪涝侵害。

小体量的硬景观空间也必须能够应对洪涝和地表雨水径流，但并不一定要让水流入排水管中，隐藏在公众的视野之外。以伦敦伯吉斯公园为例，入口的硬质铺装区域相当于带状广场，能将雨水径流导入一系列的“雨水花园”中。这些“雨水花园”既环境优美，又非常实用，能吸收全部的雨水径流，利用雨水打造一种独特的生物栖息地，这种栖息地只有依靠旱涝条件的转换造成的湿度变化才能存在。精心选择的植被和乔木营造出多姿多彩的自然景观，能够在这种独特的环境下茂盛生长。

鹿特丹的水广场，也许可以算是针对雨水管理的现代设计中一个经典的案例。暴雨来临时，广场地面漫布雨水径流，可以说雨水彻底改换了广场的面貌。多功能球场变成了水池，所有硬质地面以及旁边建筑屋顶上的雨水径流全都汇集到这里。而且水流到球场的过程也经过精心设计，成为广场上亮眼的水景元素。这个项目以及城市规划事务所的其他设计代表了一种新型景观的形成，这种景观完全由雨水来支配和掌控，让我们从前看不到的雨水的蔓延和消失过程成为一种风景。

（二）材料运用

1. 植被选择

尼格尔·邓尼特是英国“雨水花园”设计的主要倡导者，包括大型公园和私人小花园。他在伦敦湿地中心的设计成功展示了雨水是如何从毗邻建筑的屋顶上收集来，再用来补给一系列的绿化洼地。每个洼地中都栽种了在那个特定的土壤湿度条件下能最佳生长的植物。邓尼特采用了一系列多年生植物和禾本植物，能够适应当地洪涝和干旱期交替的特点，品种包括黄雏菊、落新妇、异颖草、苔草、鳞毛蕨和腹水草等。我建议大家都看看邓尼特的设计，如果你对植栽与雨水管理设计的结合感兴趣的话。

在伯吉斯公园的设计中，LDA 在入口处利用地势 6m 的高差打造了“雨水花园”，既美观，又实用。之后，我们又与詹姆斯·希契莫夫合作，研究“雨水花园”植物的选择，既要确保植物能够茂盛生长，又要兼顾一年四季的景观形象。在伦敦巴特西发电厂临时公园的项目中，我采用了相似的植栽设计，是从伯吉斯公园的植栽设计基础上衍生而来的，进一步完善了用地的自然景观。这两个设计都是多年生植物和禾本植物相结合，重点是秋冬时节，因为那时候大部分本地原生植物已经过了花期，我们要保证这个时期仍然有植物开花。我们采用的植物有单花针茅、麦氏草、萱草、石竹、紫菀、黄雏菊、婆婆纳、苔草和葱属植物等。在这些项目中，植物配置都有轮换的“主角”出现：其他的植物凋谢、衰败时，这个“主角”的植物要保持欣欣向荣，比如在巴特西发电厂临时公园里，“主角”就是石竹和腹水草。按照这种方法，“雨水花园”里总有一片同类植物呈现出繁盛的景象，景观看起来更加协调统一。这一点从巴特西“雨水花园”在一年之中各个时段拍摄的照片中就可以看出。

2. 铺装材料

铺装材料的选择主要取决于对设计功能的要求。有些铺装选用的原因是它能透水，地表雨水能够或渗入土壤补充地下水，或在地下收集起来作为他用。另外一种方法是采用不透水的铺装，将地表雨水径流导入“雨水花园”、沼泽或其他蓄水设施。

第四节　海绵城市为指导的水生态景观规划设计

水景是海绵城市常见的景观，水生态景观是作为城市良好自然环境的一种展示，使城市独具魅力，可以满足人们的各种感官体验与环境的可持续发展。

一、海绵城市的生态效益

通常来说，海绵城市建设可显著提高现有雨水系统的排水能力，降低内涝造成的人民生命健康及财产损失。透水铺装、下沉式绿地和生物滞留设施与普通硬质铺装及景观绿化投资基本持平，在实现相同设计重现期排水能力的情况下，可显著降低基础设施建设费用，更重要的是，海绵城市建设可以最大限度地恢复被破坏的水生态系统。

下面以长春市绿园区合心镇为例，分析合心镇核心区海绵城市建设对区域生态系统功能的影响及其生态效益。根据《海绵城市建设技术指南》，全国年径流总量控制率大致分为五个区，长春市绿园区合心镇属于Ⅱ区，其径流总量控制率为 $80\% \leqslant \alpha \leqslant 85\%$，根据《海绵城市建设技术指南》中长春市年径流总量控制率对应的设计降雨量分别为 21.4mm、26.6mm。合心镇以低影响开发技术为指导，建设城乡一体的生态基础设施。在合心湖防洪安全的基础上，构建由地块内部雨水湿地和生态塘组成的海绵城镇蓝网，并建立由一级、二级和三级生态沟组成的绿色基础设施，串联雨水花园和植被缓冲带等，结合合心湖水系绿地组成海绵系统绿网。从而实现水绿互动(蓝网＋绿网)，打造生态海绵城镇。合心镇核心区现状为村镇及农田用地，传统建设开发后，径流系数在0.7～0.8。通过实施海绵城市建设，可以有效降低径流系数，综合径流系数为0.3～0.4，年SS总量去除率为40%～60%，水面面积率为5.66%，湿地面积率为36.94%，从而改变了合心镇核心区的生态服务价值当量，见表5-2。其生态系统服务功能经济总价值达到3.73亿元。

表5-2 合心镇核心区海绵城市建设后生态服务价值当量汇总

生态服务功能	林地	草地	农田	水域	合计
面积/hm^2	45.97	330.11	1 587.26	67.23	2 030.57
空气调节	160.90	264.09	793.63	0.00	1 218.61
气候调节	124.12	297.10	1 365.04	30.93	1 817.19
水源涵养	147.10	264.09	952.36	1 370.15	2 733.70
土壤形成与保护	179.28	643.71	2 317.40	0.67	3 141.07
废物处理	60.22	432.44	2 603.11	1 222.24	4 318.01
生物多样性保护	149.86	359.82	1 126.95	167.40	1 804.04
食物生产	4.60	99.03	1 587.26	6.72	1 697.61
原材料	119.52	16.51	158.73	0.67	295.43
娱乐文化	58.84	13.20	15.87	291.78	379.70
总计	1 004.44	2 390.00	10 920.35	3 090.56	17 405.35

综上所述，海绵城市建设可带来显著的生态效益。主要包括以下几个方面。

(1)控制面源污染。生物滞留设施、透水铺装和下沉式绿地等技术措施对雨水径流中SS、COD等污染物具有良好的净化能力，保护城市水体和水环境。

(2)建立绿色排水系统，保护原水文下垫面，形成了较为生态化的绿色排水系统，且有效降低城市径流系数，恢复城市水文条件。

(3)提升生态景观效果。海绵城市建设赋予城市公园绿地更好的生态功能，改善传统景观系统的层次感及其对雨水的滞蓄，以及下渗回补地下水的新功能。

(4)提升生态系统服务价值。最大限度地恢复被破坏的水生态系统,而水生态系统的恢复必然改善整个生态系统的结构和功能,提升区域生态系统服务价值。

二、水生态景观设计

(一)生态驳岸设计

驳岸是位于水陆两地交界的区域,具有水域和陆地两种特性。海绵城市中生态驳岸主要有自然和人工驳岸两种类型,其优点是保护河岸,防止雨水冲刷损毁,并有利于建立河道自净化系统,维持河流生态系统的完整与健康。

1.植被护岸设计

(1)植物护岸的机理。植被护岸主要是靠植物的茎叶和根系的作用护坡。植物的茎叶可以起到降雨截留,削弱溅蚀,减少地表径流的作用。

(2)植物护岸的优点。植物护岸保持了一种自然状态,极大地降低成本,低于传统硬质驳岸成本的1/3;通过植物种植,有利于降低面源污染对河流水质的影响,提高河流的自净能力;植物景观效果好。因此,植被护岸在河道生态治理中具有独特的作用,模仿自然植物群落构建乡土植物群落护坡,是生态护岸的基本方向。

(3)植物的选择

首先,选择乡土植物和根系发达的植物。其次,在不同区域合理配置植物种类,在水深<0.6m的区域,宜种植芦苇、菖蒲和香蒲等挺水植物,防止波浪对边坡的侵蚀;常水位以上宜种植多年生草本植物,如狗牙根、黑麦草和高羊茅等,同时也要配置木本植物,如垂柳、水杉、樟树和杨树等,以发挥木本植物根系强大的

锚固和支撑作用，确保边坡的整体性。最后，在植物选择时也要考虑景观效果。单一植物很难达到较好的观赏价值，需结合多种草本、木本植物适当配置达到“三季有花、四季常青”的景观效果。同时，应综合考虑生态、经济和社会等方面的综合效益。

2. 生态型硬质驳岸设计

传统的硬质驳岸一般与生态河道的理念相违背，如混凝土驳岸和浆砌石驳岸等，阻断了河流生态系统的横向联系，使水生和湿生生物的生境遭到破坏，同时也降低了河流的自净化能力。以下是几种常用的生态型硬质驳岸。

(1)生态混凝土框格驳岸

生态混凝土框格驳岸是一种典型的生态型混凝土驳岸，是将传统混凝土板块做成框格砌块，并在框格砌块上种植植被。各框格砌块环环相扣，整体性好，具有较强的抗冲刷能力，而且不影响坡面植被生长，有利于为水生动物、两栖动物营造良好的生境，促进生物链的形成，提高河流的自净能力。

(2)生态型砌石驳岸

生态型砌石驳岸分干砌和半干砌石驳岸两种形式。干砌石驳岸采用直径 30cm 以上的块石砌筑而成，块石之间有缝隙，有利于为水生动植物营造生境，这种形式适用于边坡较缓，水流冲击较弱的地方(图 5-6)。

半干砌石驳岸采用的块石直径一般为 35～50cm，采用水泥砂浆灌砌一部分块石间隙，这样既提高了驳岸的强度，又能维护生物生存条件。这种形式适用于水流冲击强度较大的边坡(如河道转弯处)。

(3)石笼驳岸

当堤岸因防护工程基础不易处理，或沿河驳岸基础局部冲刷深度过大时，可采用石笼驳岸。石笼一般是由铁丝、镀锌铁丝和高强度聚合物土工格栅编制。编制石笼的铁丝直径一般为 3～4mm，普通石笼可用 3～4 年，镀锌铁丝石笼的使用寿命可长达

8～12 年。

图 5-6　生态型砌石驳岸

石笼抗冲刷能力强；柔性好，允许护堤坡面变形；透水性好，利于植物生长和动物栖息；施工简单，对现场环境适应性强。

(4)土壤生物工程驳岸

土壤生物工程是一种边坡生物防护工程技术，采用适合当地生长的植物根、茎(秆)或完整的植物体作为结构的主要元素，按照一定的方式、方向和序列将它们扦插、种植或掩埋在边坡的不同位置，在植物生长的过程中对边坡进行加固和稳定，有利于控制水土流失、降低水流流速、截留沉积物、防止侵蚀、改善岸坡生境。

土壤生物工程不同于普通的植草种树之类的边坡生物防护工程技术，它具有生物量大、养护要求低、施工简单、生境恢复快、费用低廉、景观效果好以及近似自然等特征，非常适用于河道险工段的生态驳岸工程。

(二)跌水堰设计

跌水堰是指使上游渠道(河、沟、水库、塘及排水区等)水流自由跌落到下游渠道的落差构筑物。跌水堰主要用砖、石或混凝土等材料建筑，必要时某些部位的混凝土可配置少量钢筋或使用钢筋混凝土结构。

跌水堰设计的原则首先是尊重地形地貌，尽量设计在主河道平缓区段，避免在河道转弯处影响行洪，设计在河道有桥梁处的上下游区段，增加景观效果。

1.跌水堰的作用

海绵城市中设计跌水堰的水土保持效益十分显著。跌水堰中加固定的毛刷为微生物提供良好栖息环境，增加水体溶解氧便于微生物的生长繁殖，能蓄积水面、降低水流速以及沉淀污染杂质，为沉水植物提供生长环境，为富养曝气和微生物提供氧气。此外，通过叠水曝气将COD降解10%以上，每个跌水堰的氨氮削减率为1.5%。跌水堰的设计避免了漫水桥两侧水流静止及污泥淤积，可对河流中的固体污染物进行有效拦截过滤，具有良好的控制水冲蚀的作用。

2.跌水堰防洪设计

在海绵城市中我们强调雨洪也是资源，因此在跌水堰设计中要着重考虑它的防洪效果。我们将从选材与摆放两方向分析跌水堰的防洪设计。

选材时要考虑石头的材质、重量和形状。石料材质一般需要具有一定的密度与坚固度，自身结构稳固好且耐冲刷的石料材质为佳，不可使用风化岩与砂岩材质，尽量不选用松碎层积岩与软页岩(图5-7)。根据汛期雨洪流速、流量和瞬时冲击等数据为前提条件进行计算检验认为石料的重量应大于0.8t，体积大于$0.25m^3$，大小结合。石料的形状尽量避免圆形或易发生滚动的形状，尽量选择下部稳重上端平直的梯形石料。

摆放过程中应确保石料稳固，在勘探现状河床结构的基础上，将石料底基落于稳固层，并保证至少1/3部分埋于河床表层之下。生态跌水堰不是传统的不透水的拦水坝，跌水堰安全要求是保证石块不会被洪水携带，以免造成安全隐患，但允许跌水堰被冲散或改变形状。确认石料顶部面对来水方向具有一定角度，该角度不大于15°(图5-8)。

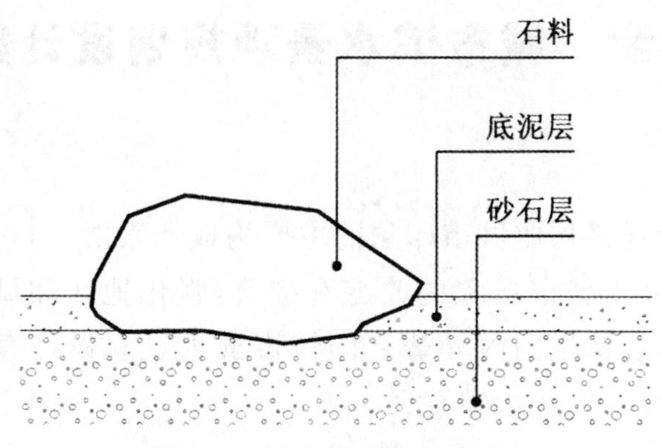

图5-7　跌水堰石料层次示意图

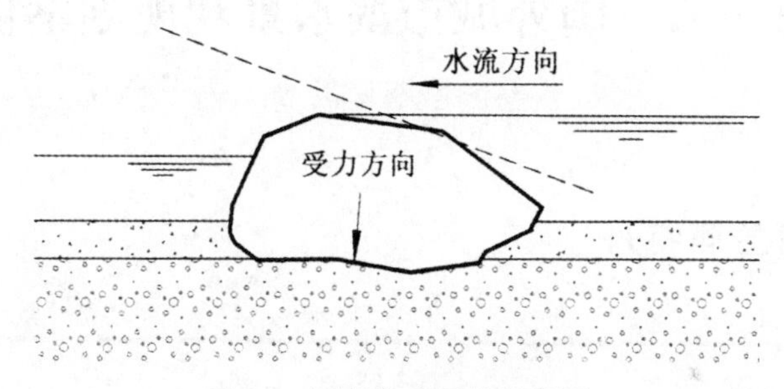

图5-8　石料角度摆放示意图

石料底部前后两端均需设置散碎料石作为保护措施，迎水面散料可加入毛刷作为结构稳定措施及微生物附着床。

石料摆放尽量自然，落差不可超过50cm，避免笔直拦截河流，可以多级布置(不宜超过5道，但也不全是简单的石块摆列)，尽量减少人工痕迹(应该有现场艺术总监指导，由技术工人摆放)，每一道跌水堰都应该各有特色，根据地段河流水况及地形进行现场考量。

第六章　城市滨水景观规划设计案例

滨水景观是构成城市印象的主要构成元素之一，极具景观美学价值，有助于城市形象的改变和提升，强化地区和城市的识别性。本章内容精选国内外著名的城市滨水景观设计案例加以分析，具有很强的实践指导意义。

第一节　国外城市滨水景观规划案例

一、荷兰鹿特丹

（一）概况

荷兰西南部港口城市鹿特丹位于莱茵河和马斯河的交汇处，KVZ 项目就坐落于此，占地 202hm²。因其三面环水，一度曾是一个热闹的港区和环绕着大小码头的工业区。但在“二战”后的几年中，KVZ 失去了许多水运功能，其后几年间又迅速地孤立于城市之外，越来越不适于工作和生活。

尽管 KVZ 地区仅与城市中心区的东南部相邻，并且至今仍被新马士河阻隔着，但目前已经过投标设计建成了伊拉斯莫斯大桥与市中心直接相连，此外还有轻轨和快速路与市中心直接相连，他们共同塑造了 KVZ 的全新形象。新建的办公楼、娱乐场所和综合住宅的开发已将工人、学生、访问者和居民带回本地区。复兴的过程由城市公共部门发起，耗费了大量的时间、艰苦的努力和公共投资才得以完成。虽然公共投资的基础设施和许多大规模的公共设施目前已到位,但未来的私人资金的注入仍会保持原有水平。

鹿特丹及其周边地区的历史始终与港口和滨水功能紧密地联系在一起,最早可追溯到1300年,在现今城市用地上建设的定居点,是荷兰北部海岸进入北部海域的门户。到1800年,鹿特丹已开通了许多新的航线,并建有服务于大小货运船只的设施,成为当时运输来自德国鲁尔工业区生产的日用品的运货点。到19世纪的五六十年代,鹿特丹绝大部分的开发集中在新马士河的北岸,并有少量选在今天的KVZ用地上。而19世纪70年代KVZ地区开发了许多新码头和仓储设施,提升了自身的经济地位,狭小的码头侵蚀着陆地,形成了我们今天看到的凹凸不平的海岸线。到了20世纪初,菲杰诺德岛已经变成了一个颇具活力的工业与港口区。

在KVZ地区迅速建起大量居住建筑,主要给在鹿特丹港口工作的工人们提供住房,同时也为数以千计的准备搭乘荷—美航线客轮移居美国或加拿大的欧洲人提供最后的落脚地点。公司总部大楼——今日的一座豪华酒店,坐落在威尔曼码头的尽端。"二战"期间,这里也曾是荷兰犹太(Duch Jews)人聚集和转送地,1942—1945年就有1.2万人从鹿特丹及其周边地区被驱逐到纳粹的集中营。

1940年5月,鹿特丹被轰炸摧毁后不久即开始重建了。二次大战后,这个城市的主要港口职能向西发展,并且很多遗留在Kop Van Zuid的建筑空置了下来。尽管这个地区没有被大规模的破坏,但是它的港口也不再能停靠现代船只,KVZ也进入了经济衰落期。

关于怎样处理所废弃的港口区域的问题,早在1968年就被提出了。由于周围居民的反对,创建一个红灯区的提议被否决了。在1978年,一个市民向市政府委员会提出了一个新的建议,基于把Kop Van Zuid变为一个主要居住区的想法,把其重点放在为低收入人群提供住所(图 6-1)。

图 6-1 Zuidkade 地区

类似运输、精炼厂、航运代理和保险这些与港口相关的产业支配着鹿特丹的经济。20 世纪 80 年代中期,地方政府为这个城市的远期规划考虑,开始把眼光放远,计划提出适应更多混杂人群,并使商业、旅游和高收入居民回到城市中心来的政策。大量的投资使这个城市更具吸引力,把 KVZ 与城市的其他部分相连接也是一个重要的方面。这不仅是 KVZ 复兴的一个重要开端,同时也是解决增加额外的区域来扩张市中心的一个途径。

Kop Van Zuid 的规划从 20 世纪 80 年代一直持续到 90 年代的初期。90 年代中期刚开始,大规模的基础规划就启动并且完成了,这包括 Erasmus 桥、TramPlus * H Wilhelminaplein 地铁车站。新的和恢复的多户家庭的居住单元继续在数量上增长并呈多样化的发展。近年来,在世界港口中心、Wilhelminahof 大楼和 KPN 电信大楼工作的职员数量稳步增长。

(二)扩建后的个性港口城市

在20世纪80年代,扩大鹿特丹城市中心的需要变得突出起来。1987年,综观西部未充分利用的区域,城市政府和著名的城市规划师Teun Koolhaas,提出了把KVZ连接于城市的设计规划。这个规划的要点是要增进这两个地区的连接和扩大在KVZ的居住、商业、娱乐功能。

1991—1994年,从地方到国家的各层政府通过了Kop Van Zuid进一步的规划。这个规划通过建立自由的可能的土地使用指导方针,为恢复经济发展,提供一个灵活框架。三个重要的公文被提出来传达土地使用的基本思想,其着眼于城市规划和设计、公共开放空间和发展计划。

建筑和设计在改进KVZ的形象过程中起着关键作用。著名的国际建筑师和荷兰建筑师已经为这个地区的很多突出的建筑做了设计。为了保证该地区内高标准的设计和发展,组成了包括荷兰和欧洲的建筑师和规划师的高质量团队来评论美学方面的建议的方案。

每个KVZ的地域和其邻近区域都要有一个独特的特性。例如,对于Zuidkade,因其可见度和到达中心城市的便利,被视为该区域的经济中心,它的一个主要规划由一个著名的英国联合王国奠基建筑公司——Norman Foster Associates来完成。这个强调后勤和商业的规划,突出综合的商业、居住和娱乐功能。世界港口中心,一座超高层办公大楼是由Norman Foster设计的,在2000年开放,容纳了后勤公司和从新港口地区迁移来的市政港口机构的办公处所。新的超高层KPN电信大楼,由著名的意大利建筑师Renzo Piano设计,它在视觉上也在该地区成为了一个亮点。再向南眺望,在Wilhehnina码头,一个新的豪华游轮的枢纽已经建成,以前的荷兰美洲航线酒店已经被整修为四星级纽约酒店。

从前是一个货栈和航运区的Entrepot,现如今是大规模的住宅区，纪念性的 Entrepot 货栈已经被阁楼、公寓和零售商店所掩盖了。该城市试图在建筑内建一个节日市场(作为把该区域转变成娱乐区的规划的一部分)，是有一些争议的，这是由于利用传统的公共财政来对预期的承租人提供财政刺激的需要，也担心这个市场与当地小商店竞争。

Landtong 是一个居住区，包括各种的业主自住户、租用的单位和本地的居民。为家庭所设计的 Stadstuinen，以大量的开敞空间、步行路为特征。Parkzicht 居住区围绕一个中心公园而组成(图 6-2)。

图 6-2　城市周边住宅

二、美国查尔斯顿海滨公园

(一)概况

查尔斯顿海滨公园是一个占地 $5hm^2$ 的绿色空间。作为库珀河与查尔斯顿海滨公园历史老城区的过渡。公园位于城市东海岸线，是一个公共空间，城市居民和游客可以方便地抵达。

长达 10 年的规划建设被雨果飓风所中断。直到 1990 年 5 月，公园才对外开放。这个项目的特点是精细的设计和对细节的重视。它比较有特色的地方是一个由 300m 长的海滨大道、小船坞、草坪组成的庇荫的私人休息区（图 6-3）。

图 6-3　查尔斯顿海滨公园内景

公园的设计主旨是非程序化的服务，使之成为一个平静的所在。同时提供给游客各种休闲活动的机会。例如，散步、慢跑、钓鱼台和一个可以亲水的 122m 的码头。码头的三个庇荫设施可以为钓鱼者和来此放松的人们提供一个阴凉的空间。公园内的喷泉处则是一个非正式社交活动的良好场所。“菠萝”喷泉，是由佐佐木联合有限责任公司设计。它已经成为公园的中心小品，是一个很受欢迎的交流场所。浅水池和第二喷泉的喷水柱位于北入口的附近。很多大人、小孩儿都喜欢在炎热时节来这里乘凉。

海滨公园位于曾经是海事贸易主要中心的查尔斯顿，查尔斯顿是美国主要的港口之一。负责运输棉花、大米和其他货物。在 18 世纪，货栈、办公楼、居民楼在海滨地区逐渐发展起来。1886 年的大地震影响了查尔斯顿半岛，导致相当程度的破坏，之后很多设施被重建。濒水地区到 20 世纪早期前一直保持着活力。当时大量的船只通过港口运输到北部。历史上有名的码头随着时间的推移已经老化，不能使用。虽然一些大楼继续为小型商贸所服务，但以前的大部分港口成为空置，没有得到充分的利用。

现在的海滨公园的一部分场地曾经被 Clydeline 船运公司所使用。在大西洋沿岸它运输乘客和货物。Clydeline 最终在 1955 年因火灾而毁坏，之后并没有重建。附近少有经贸活动。在很多年的时间里，场地仅仅被用于泊车。20 世纪 70 年代后期，一个地产投资商购买了此地，想将该地区兴建为一个高价的商业区和居住区。这个主体发展前景是可以改变城市的历史轨迹的，也可以改变濒水地区持续的不发达面貌。1979 年与开发商紧急洽谈，面对受到谴责的危险，升高了地皮价格。两个重要的私人捐款和一个美国内部授予认可保证了此计划的实施。

1983 年，初步工作——包括稳固和加强——从公园开始进行。二期工程建设则开始于 1988 年，直到 1989 年 9 月雨果飓风侵袭城市前一直进展良好。虽然新公园的小品要素有相当程度的损坏，它的地下基础构造经受住了飓风的考验。这样后续工作得以继续。查尔斯顿海滨公园于 1990 年 5 月 11 日对外开放。

当查尔斯顿最先开始在海滨公园探索适合的发展策略时，城市公园将成为提升城市东部边域以及为城市濒水地区提供公众可达性的关键成分和刺激点。在设计过程中已经决定公园将成为查尔斯顿(Charleston)居民和观光游客服务的城市宁静的休息场所。

一开始，工程不仅要求有一个新的水上乐园，以那些刺激性的游戏来提升城市品位，并吸引公众们的参与，而且，滨水区在早期设计的时候也考虑到了居民和参观者很少时的情况。该项目不同于 20 世纪 80 年代美国的濒水恢复发展工程，它不会成为一个节日欢庆或者娱乐场所。相反，它的建设目标是创造一个自然魅力的所在，作为查尔斯顿密集市区的协调和配合。查尔斯顿市市长 Joseph Rileyi 记录了公园剪彩仪式的盛况，“这里将成为一个安静和谐的公园，供所有市民前来休息的水滨场所”(图 6-4、图 6-5)。

图 6-4　公园内著名的“菠萝喷泉”

图 6-5　一个宁静而美丽的海滨公园

（二）自然与历史相融合的公园

海滨公园的设计是查尔斯顿市和国际化设计人员所完成的。他们是佐佐木联合有限责任公司；Edward Pinckney/Associates；Jaquelin Robertson。设计者认识到公园应该与整个城市实质相协调，因此设计不是唯一的工作，还要重视整个半岛地区的机遇和挑战。总体设计将注意力集中在环境、区域问题上。例如，交通、停车、旅游影响、区域间的联系等；同时也考虑到城市的设计特点、街道景观、开放空间、投资项目以及不发达地区。

为获得主体设计的背景资料，设计者详细查阅了该地区的历史资料，了解当地的早期功能以及它与历史商业区的关系。该地区已成为一个重要的商业中心，驱使城市其他东西轴线地区的人们来到公园。设计者为保持该地区与城市其他部分的关系，公园的人行道在原有街道系统上加以设计，并使用特殊的铺设技术来加强这种连接。公园的边缘是无围墙的，没有屏障将其与城市分隔。很多的人行步道帮助游览者直接从主路到达公园。

保护和提高公园附近地区的环境条件是规划过程中考虑的一个方面。公园位于库珀河的潮汐、盐水地带，这意味着在设计时必须要考虑洪水、盐花、风和飓风等因素。贫瘠和不稳固的土壤条件是很多城市海滨的特点，也必须加以缓解。

公园与水域的定位一直在争论之中。设计师认为在公园设计中应该具有一定量的水体，采用具有装饰性的成行树木和路灯来创造一个水面的明确边界。同时，水边的沼泽地将自然元素融入公园的边界，保护了自然野生栖息地。为实现这一目标，垫高地面防御周期性的洪水侵袭，自然式的草地由手工种植。

公园的所有元素，从景观材料到小品，均使人们关注细节。"查尔斯顿长椅"以传统公园长椅为雏形，经过重新设计，成为更加舒适的座椅，贯穿于整个公园。甚至在草坪边缘的小围墙也被设计成舒适的高度，用来随时一坐。整个公园的人行道路材料的选择变化较多。从硬质材料——像查尔斯顿典型的老式蓝色石材，到软质的石砾铺筑都有。这种石砾是海滨公园所独有的，它是从混合石材中提取制成的，颜色、质地和透性都经过特殊挑选。

在设计之初，公园本身的功能作为主要的设计内容。直到设计敲定，设计师考虑在公园内设置艺术作品。鉴于最新的公园改革，设计师安排了一系列雕像的基座，为日后的艺术作品而用。当公园首次开放时，一个延时 5 年的艺术品的安装给人们留下了深刻的印象。新的作品可以在 10 年内逐一完成。

当城市探索其适宜的类型和发展规模时，面对公园的社区的恢复发展观念已经开始一段时间了。对着公园的最后一块土地的建设于 2001 年开始进行。建筑师为科罗拉多的 Schmitt Sampson Walker(图 6-6)。

图 6-6　查尔斯顿海滨公园平面图

工程包括 50 个住宅单元，规模从 100～325m²，设计忽略附近的历史建筑：砖和石混合而成的外部景观。为避免阻挡东西轴的观赏长廊或连接市中心和海滨公园的人行道，工程设计成 6 个独立结构。中心是一个 745m² 的艺术馆。开发商同意将其捐赠给市政府。因为公园被购买者视为开敞的绿色空间，按照 Seinsheimer 的预想，工程使公园的邻近地区有了巨大的效益。该地区的一些潜在负面因素是人们有些时候对晚间关闭公园和重视安全维护的实际情况的不理解。

其他的待发展地区位于北部市郊。目前由货栈和港口事务所占用。未来计划在该地开发居住、零售和办公项目。

三、波士顿翡翠项链

从 19 世纪 70 年代开始，奥姆斯特德开始进行被称作“翡翠项链”的波士顿公园系统规划，它在所有公园系统中最为著名。

波士顿位于美国东部马萨诸塞州的半岛上，具有明显的冰河和丘陵等自然地貌特征。鲜有城市会像波士顿一样发生如此剧烈的地理变化：早在1742年，这个城市就开始在海岸边较浅的区域填土，增加城市用地。19世纪20—30年代间，城市中的一些小山又被开挖，土方被用来填海筑城。对比1775年和今天的波士顿地图，我们可清楚地看到这种地理区划的巨大变化（图6-7）。

图6-7 滨河绿带

城市用地的扩张以生态环境的破坏为代价，相应地也带来了环境污染等问题。基于此，波士顿当局和市民都希望寻找一条改善生活环境的途径。19世纪后半叶，奥姆斯特德建议波士顿应当朝建立公园系统的方向发展。

奥姆斯特德充分利用当地的自然系统条件和场地因素，将当时已有的波士顿公地、公共花园和新建设的富兰克林公园、牙买加公园、阿诺德植物园与波士顿花园通过已有的公园路联邦大道和新建设的公园路加以连通，形成了波士顿公园系统。这个系统全长大约25km，将波士顿市区、布鲁克莱恩和剑桥镇相连，并且将这些区域同查尔斯河联系起来。1878年规划方案提出后，历经17年，公园系统基本建成，面积达800hm^2。建成后其整体结构分为9个部分：波士顿公地、公共花园、联邦大道、查尔斯滨河公园、后湾沼泽地、河滨道和奥姆斯特德公园、牙买加公园、阿诺德植物园，以及富兰克林公园。从平面图上可以清晰看出，与布法罗和芝加哥等城市的公园系统中运用较规则的林荫道不同，波士顿公园系统充分结合当地的自然系统进行绿色廊道规划，突破了千篇一律的城市格网布局，它们如同绿色的“触角”一般，连通自然的公园，并与城市生活紧密地融为一体。

由各种文献资料可知，奥姆斯特德更倾向于运用具有自然特征的公园路作为连通公园系统的绿色廊道。除联邦大道以外，波士顿公园系统中的公园路规划与公园一样，结合自然系统的地域特征，其建设很大程度上汲取了如画式风格。

这种依附于自然系统的如画式的公园路集中体现在将自然形成的滨河地带作为连接公园的绿色廊道的建设上。在波士顿公园系统开始建设的第二年(1879 年)，查尔斯滨河地带由于环境污染严重也开始进行全面改造，奥姆斯特德提出了改造方案，首段滨河公园得以建设，并于 1891 年对外开放。后来，滨河公园得到续建，仍然延续了奥姆斯特德的思想。一直以来，查尔斯滨河公园都是野餐、散步、骑自行车和水上运动的好去处；1881 年开始建设的河滨道是沿着浑河连接后湾沼泽和埃弗雷特公园的公园路，集中体现了在自然系统基础上的如画式风格(图 6-8)。

奥姆斯特德还特别强调在城市扩张进程中，应当遵循城市的自然进程，运用自然保护的手段处理城市防洪和城市水系质量等问题。公园系统的建设在为人们提供休闲娱乐场所的同时，成功地改善了遭到破坏的生态环境。这也是波士顿公园体系规划在当时十分难能可贵的一点，它在追求如画式风格和尊重自然系统的基础上向前迈出了一大步——体现出包含生态思想的景观处理方式。这种思想对后世的公园和公园系统以及开放空间系统的规划建设产生了深远的影响(图 6-9)。

图 6-8 波士顿翡翠公园全景

图 6-9 自然与社会的完美融合

四、美国普罗维登斯

（一）概况

19 世纪中期，普罗维登斯都市水域的精华——科夫盆地四周是宽阔的走廊，后面逐渐被满目的排污管道、布料加工厂、染布厂及肉类加工厂的废物所污染。一段时间后，铁路建设工地占据了此海湾，普罗维登斯河、Woonasquatucket 河以及 Moshasuck 河汇集处也建起了码头，延伸的铁轨，具有历史意义的国会大厦，零售商们搬至郊区。

普罗维登斯最受人欢迎的 Biltmore 宾馆的关闭是其衰退的最好象征。Biltmore 宾馆是一个私营集团，由市领导购买、修缮、重新经营的地方标志性宾馆。由 Bill Miller[后来 Textron 的主席，之后成为财政保护委员会(Federal Board)的主席，之后的财政部秘书]经营的这个集团以此作为城市复兴的正式化开端。形成普罗维登斯的基础以增加高档次的投资机会。

普罗维登斯基金最初由 Bruce Sundlun 掌管。他的经历具有戏剧性——“二战”期间轰炸德国轰炸机领航员，受过哈佛教育的律师，普罗维登斯律师事务所，杜鲁门政府的前任助理律师，Outlet 通讯的首席执行官，后来罗德岛的两任州长。基金的第一个项目是解决不断上升的铁路问题。就像众所周知的中国的长城，铁路将城市与由先锋建筑师 McKim，Mead 和 White 设计的精致的市政大楼隔离开来。Skidmore，Owings & Merrill 建筑规划公司(SOM)仍继续进行城市的中心规划。他们将铁路从州政府大楼的草坪向外延伸，在多条铁轨的汇集点建立一个新的火车站，将草坪南端的停车场改为开发的部分。Sundlun 经常驾驶飞机来往于华盛顿与普罗维登斯之间。他知道，他的一个乘客惧怕飞行，而且是铁路的忠实拥护者。Sundlun 了解了 Pell 的这一偏爱后，与他进行联系并在他的帮助下获得了 500 万美元的联邦政府资助来重建火车站。

尽管市中心的规划解决了包括一条主要的城市立交线路在内的铁路问题，以及占地 35 英亩(4 公顷)的城市中心发展区域问题，但是它并没有解决码头的交通堵塞问题以及占地 4 英亩(1.6 公顷)的滨水公园的设计建设资金问题。

项目设计审查委员会的 3 个年轻建筑师对 SOM 设计规划的欠缺感到遗憾，但是审查委员会并没有采纳他们所提出的建议。对此三位建筑师感到十分沮丧，并称之为“追悼葬礼晚宴”。这来自罗德岛设计学校(RISD)的建筑师提出一个独特的方案,使人大开眼界。使河流改道,重设I-95高速公路,转移珠宝销售区,排列所有的具有人行道的河流,使它们都通向纳拉甘西特海湾的普罗维登斯港口。Friedrich St. Florian参加了那次的晚宴。据他回忆,他认为三位建筑师中只有Bill Warner的想法是具有想象力的、明智的并最终坚持使规划改变(画在餐巾上的草图今天挂在St. Florian家的墙上),使河流复兴成为现实。

(二)解决方案

Bill Warner是一位热心家,他主持一个位于罗德岛爱特乡村的具有历史意义的小型棉花厂里的青年建筑师工作室。Warner知道,建筑师们交流的重要性及灵光一闪的价值。他有理由认为改变想法及确保资金的关键是提出解决运输问题的方案。1982年夏,Warner与市运输、环境管理部门的主管碰面,指出城市中心规划方案并未解决交通拥挤及都市的河道问题。他说服两位主管,研究了新的方案,重建城市的河道。这不仅解决了市中心的交通拥塞,而且依然保留了普罗维登斯的中心河流。Warner与两位主管都知道,NEA有可用的公众参与城市设计研究基金,但需要一个赞助商。

寻找获得财政资金的支持来帮助市区重新恢复生机。Warner的着手点在普罗维登斯基金会。正像Sundlun所描述的那样,由于Warner最近看到了圣安东尼奥河步道(位于他的一家电视台附近),理解了它对城市的作用。Warner对普罗维登斯水滨人行步道的描绘损害了Sundlun的利益,基金会很快同意赞助这一研究。1983年5月18日,NEA和州、市以及商业实体宣布启动12.5万美元的普罗维登斯滨水地区研究基金。

Warner的工作进展很快,不到5个月的时间里,他不仅召集了一个20人由大资金保管者所组成的工作组(包括市、州和财政机构——环境、运输、城市规划、州规划、历史保护等部门——像一些主要的私人组织一样好,普罗维登斯基金会也在其中),而且他还制订了一个每个成员都同意的计划。普罗维登斯和伍斯特(P&W)铁路建设的6个月期限,河边的主要土地所有者促使工作组更加迅速、团结地工作。要不是特殊时期对变化的要求,先前的发展计划中,铁路必须走在前面,这与移走河道的提议不相协调。

(三)河道的重新安置

按照规划方案,河道从邮局下面移走,合流点重设在河东部近100码,这样的改变使延伸Memonial大街成为可能,最后在邮局和河道新合流点之间的结实土地上,邮局南侧的甲板被移走,露出普罗维登斯河道,同时,Memonial大街向南延伸到Crawford大街,其沿着普罗维登斯河的商业区一侧。这一方案包括以下的额外特点。

(1)独立的河流走道体系:普罗维登斯河公园——一个Y形的河流景观走廊——在市中心建设以连接现有公园,可容纳船运,并建立一个独立的走道体系,从首府中心和国务院一直到肯尼迪中心和Crawford街。1984年新的联邦政策为独立走道体系提供100%的奖金支持。

(2)周转:现在的所有码头都移走,使12个重新连接现存的东西街道和人行道的优美大桥的建设成为可能,在改善美学方面的基础上,大桥明确了线路格局,缓解了拥塞的情况。

(3)海上交通(导航):为提供船运而疏浚河道,进行了桥下的统一清理。3个码头地区为船只提供换乘和搭乘乘客。在这些船只装卸货物的地方,有系缆墩(沿河道断续地区设置),为游船提供通路。

(4)Memorial公园:位于项目的南部,0.8hm^{2}的Memorial公园是历史上“一战”法庭的所在地,“一战”纪念碑从一个难以接近的危险的交通环线上迁移(Suicide环线),公园的北边界是靠砖制的市场会议厅来界定;它和其他RISD建筑物沿河道线排列长达198米。

(5)滨水公园：一个 1.6hm^2 的公园在走道系统的西边终点建设，它的特点是一个 9m 高的喷泉，一个露天剧场，12 个具有座椅的小型广场，2 个人行桥梁，一个容纳餐馆和游客中心的篷罩(图 6-10)。

图 6-10　滨水公园

(四)滨河区的复兴

普罗维登斯区域被 Woona squatucket 河一分为二，一个影响工程每一方面策略的因素是：它的经济(因为增加的工程造价)，它的建筑，它与商业核心的关系，它的受限环境，作为一名建筑设计师，Lugosch 聘请了 Friderrch St. Flerian，一位饱受爱戴的普罗维登斯的建筑师和 RISD 专家，以及河流疏导的前辈之一。St. Florian，吸收了欧洲的观念，应用到本地的萨尔茨堡中，想办法避免工程的巨大尺度，而超越其邻近由 Mckim，Mead 和 White 设计的具有历史意义的美国国会大厦。购物中心被设计成横跨河流，发展商希望在建筑的一部分建设一个穹顶。St. Florian 认为圆穹顶为静态形式，零售业通常采取动态的线性形式。作为一个实例，St. Florian 指出一个三层的拱形建筑、玻璃覆盖的零售建筑恰恰建于1828年,拱形建筑是美国最古老的封闭式购物中心。St. Florian的设计是建一座深深凹进去的玻璃暖花房,河水从下面流过,并将建筑分为两部分:一部分可以使购物中心面向城市,另一部分则创造了一个特别是在夜晚非常明显的标识。那时也是零售与娱乐最繁忙的时间。三楼是餐饮区,透过晶莹剔透的玻璃是美丽的城市景观。楼上是16个厅,10685平方米的电影院;一个1 300^2 IMAX大屏幕电影院和一个3 $995m^2$ 的Dave & Buster's娱乐餐馆。在玻璃房子和购物中心的下面,在五条航线的亚马逊河主河道上,混凝土的台阶、人行坡道连接着河与河边的步行道。

3个泊船商店——Lordg Tayler,Filene's(May公园商店)和波士顿地区唯一的Nordstrom均被设计成固定可视的泊船。相反,Canchor购物中心是灵巧、开放、玻璃制的,不巧的是,只有两家商场利用了自然光,其他商场的玻璃虽然夜间很亮,但对一个标准的购物服务大廊开放。

沿着从商业区通往美国国会大厦的Francis大街,14 $865m^2$ 的街边零售商店和饭店遍布宽敞的人行道上。他们已经得到证实比Lugosch曾经预想的还要成功,已经达到St. Florian计划的渗透率。然而,由于场地有超过92m的斜坡,3层零售连锁店仅在停车场考虑设置,其实跨河桥也十分需要。Francis大街上仅在购物中心内有一家这样的商场,由于Arrow街的标志性建筑,设置了两层停车场对应一层零售空间,增加零售层的高度达到了67m,狭窄的购物中心,它的上柱支撑尖顶的玻璃屋顶,像一个教堂的中殿——这是由一个柔和的调色板造成的,在一次不寻常的运动后,Luqosch允许St. Florian的妻子Livia,一个知名画家来设计地毯,其上有简洁的图案,以完全适合购物中心的构造(图6-11和图6-12)。

造价4.5亿美元的购物中心——1.25万 m^2,150个商店,3个百货商场,12个小型沿街商店,一个16屏的电影院,一个IMAX剧院,4 500位的停车场是罗德岛最大的单一建设项目,虽然该项目历时13年,它的时间表对滨水地区的定位实际上并无多大作用。公共方面耽搁的主要原因是确保可运转的公共/私人财政经营的需要和使其制定切合的法律。Lugosch，Mclaughlin-fH Cianci 形成一个最强势的劳动联盟和对商业利益联盟，反击郊区购物中心业主的抗议，他们关心的是不公平、政府辅助式的竞争。此外，由于滨水地区的定位，工程在一些主要规章机构的管辖下，进一步使程序复杂化。

图 6-11　滨河步行空间

图 6-12　滨河地区繁华的夜景

(五)发展的顶峰

碰巧与普罗维登斯地区的主要运营同时,“水火交融”是由布朗大学毕业的雕塑家、摄影师巴比·艾文所设计的。这项特有的艺术作品结合了原始的要素和感觉:水、火、光、声音和气味。夏日的夜晚,当黄昏的光线昏暗下来时,平底船的船夫点燃由金属火钵盛放的芳香的雪松和松树木段,使火钵悬浮在河面上,当船夫从一个火钵向另一个火钵移动时,火苗、香味和木材燃烧发出的噼啪声音迷漫整个河道。这一场所是对公众开放的,在夏夜,每 23 个灯就可以创造约 100 万美元的利润,包括食品、饮料的销售,宾馆入住和汽油消耗。每个季节的税收总收入达到近 240 万美元。但从“水火交融”安装以来,新增了一打的饭店,宾馆的入住率急剧上升,300 余篇文章在当地报纸、杂志和传媒所报道。一个艺术家简单的做法被当地的领导者所推崇,已经成为普罗维登斯水滨和其复兴的一个显著标志。

到 20 世纪 90 年代后期,大量的工程项目——包括 Biltmor 宾馆,Westrn 宾馆,普罗维登斯 Marriott 宾馆;首府中心工程;河道的重设;水域公园;河道;纪念公园;市民银行总部;美国复兴;入口建筑和“水火交融”已经将发展势头推向高峰。普罗维登斯周围的组团,水域公园和 Marriott 宾馆,森林城市单位已经投入了 7 500 万美元的发展计划来建设一个 18 580m^2 的办公大楼;6 505m^2 的街边零售部,以及一个 265 位的车库在水域流域的另一侧,向东部的组团上,Eastman Pierce 有一个规划,价值 15 000 万美元,这包括 225 客房的希尔顿宾馆;9 296m^2 的办公楼;4 645m^2 的沿街零销部,150 个豪华公寓,带有 500 车位的车库。在组团 3E 和 4E 段,Beacon 公司有 5 500 万美元的计划,包括 190 个出租公寓和 360 车位的车库。在组团 3W 和 4W 段,规划项目为 2 个办公大楼,分别为 32 515 和 13 005m^2 配备停车场。

城市给予这些新的开发项目的大量税收没有固定,因为每年的税收增加 10%。一直到 10 年后所有物是全部纳税的。

新开发的总规模基于那些25年以前复兴计划的梦想。公共投资不超过2万亿美元，这已经促进了9万亿美元的私人投资，提供了6 000个工作机会，建设了139 355m^2的零售空间，开始开发1 500个宾馆房间和500个居住单元，建设5 000个停车位，靠近一条排水渠的未开垦荒地每平方米不到107美元，现已经逐步上升，到美国铁路客运公司的地皮被出售时，该地段的价格已经上涨为430美元/m^2，它将在7年后增值很多倍。

一度处于垂死状态下的地区，是一个拥有优质花岗岩、砖和铸铁建筑的悠久历史地区，正在向仓库、办公室、商店和饭店转变。下城拥有大批艺术和教育学院，包括普罗维登斯表演艺术中心，RISD，Johnson，Wales大学。布朗大学到学院国会山只有5分钟的路程，有大约20 000名大学生生活在商业区附近，这刺激了周围餐馆、艺术馆、娱乐场所和居民楼的开发。

图6-13　普罗维登斯地区的发展

第二节　国内城市滨水景观规划案例

一、杭州西湖湖滨规划

杭州西湖东部湖滨是一条长达几千米的绿带，平均宽度在60m左右，20世纪80年代随着西湖环湖绿地的建设而形成，湖滨绿带根据自身特色划分为若干景区，并以环湖滨水步道沟通各个部分。绿带和城市湖滨区块的分界是双向4车道的湖滨路，湖滨区块是杭州重要的商业、旅游区域，人流量较大，旅游服务设施较多。湖滨绿带作为城市与西湖风景区的交界面，理应是整个杭州滨湖区块最具有城市生活气息的地块，但是由于当时规划设计条件有限，交通、市政、园林、建筑等各部分缺乏协调性，各自为政，整体布局未能充分考虑城市和西湖的交界，未能使建成区和湖岸有清晰的视觉和空间互动关系，城市和西湖未能相互渗透，其本质按照亚历山大的说法，绿地和滨湖区域彼此缺乏有力和重叠的联系，失败在于其对纯粹、分离和讲求秩序的土地利用功能分区的倡导(图6-14)。

图6-14　杭州西湖全景

2002年左右，SWA景观设计公司主持了占地1平方公里的杭州西湖湖滨地区规划，并进行了湖滨地区商贸旅游特色街区一期工程的设计。SWA景观设计团队从交通整治入手，即增加湖滨绿带的可达性，一方面在距离湖滨40m处的湖底挖掘一个4车道、1.5km长的湖底隧道，将轿车交通全部迁入隧道，承担了过境交通，原有的4车道的湖滨路改为多功能的步行街，形成了650m长、40m宽的林荫公园、滨水开放空间和步行街(图6-15)。

图6-15　西湖湖滨景象

另一方面，根据原有东西方向的道路，理顺湖滨地区进入滨湖绿带的步行通道，并将部分通道扩大为节点广场，增加西湖和湖滨街区的视线通廊。例如，作为公共开放空间的东坡广场就具有通往西湖景区的过渡前庭的作用(图6-16)。第三方面，湖滨区与西湖之间的道路则整改为慢车道和单行线，人车混流。虽然这些道路多基于原有的线形，但是形象特征通过车道数、车速限制、交通灯的布置及景观设计而进行了整体塑造。

图 6-16　东坡广场

城市道路的调整对湖滨区块的交通、城市形态产生了巨大影响。区域间的联系对于创造生机勃勃的环境极为重要，这些道路、节点空间为湖滨区域重新定义了边缘和中心。湖滨区块各个街区多为商业、旅游服务用地，整治规划把用地进一步分割，用地尺度减小，各种功能混杂糅合，大尺度的建筑也被填充进不同类型的使用方式。游客和市民可以比较自由地穿越湖滨绿带和湖滨商业、服务区块，可以自由地散步、餐饮、逛街、购物、娱乐、休闲(图 6-17)。

图 6-17　湖滨的购物、娱乐、休闲

SWA 景观设计团队另一个重要的设计便是把西湖湖水引入湖滨地区而设计的城市溪流(图 6-18)。城市溪流蜿蜒曲折,沿途设置了小瀑布、喷泉等,串联起各式各样的建筑、庭院和广场,使城市溪流景观带和西湖湖滨形成视觉和形式上的统一。城市溪流让湖滨的概念自然地向城市内部延伸,使更多的建筑成为具有江南水乡特色的滨水建筑。

图 6-18　建筑内的溪流

二、杭州西溪湿地

西溪国家湿地公园位于杭州西湖区的西部，具有悠久的历史，曾经是一片原生态的低洼湿地，在经历了千年的渔耕开发后，形成了以大量鱼塘为主、辅以面积较大的洲渚的湿地类型，当地居民的交通则依赖大小港汊和狭窄的塘基，形成桑基鱼塘的平原湿地景观。随着杭州城市的扩张尤其是绕城高速的修建，西溪用地逐渐被侵蚀，鱼塘、河流被填平以修建城市道路、居住社区。同时，西溪内的农村聚落日益膨胀，建筑密度和村落尺度迅速加大，村镇企业规模扩大，使得生产和生活污水排放超出了湿地的水质净化能力，西溪因此出现了富营养化的水质问题，湿地生物栖息地也受到严重影响。

2003 年，西溪国家湿地公园的规划设计工作开始进行，规划总面积 10.08km^2，定位为“杭州绿地生态系统的重要组成部分，以保护区域的生态环境、改善湿地公园的水质状况为根本立足点，同时恢复其清雅秀丽的自然景观、底蕴深厚的历史人文景观”（图 6-19）。

图 6-19　西溪湿地水闸

水系统保护是湿地恢复的关键。规划首先保障西溪湿地水资源总量,其次恢复水体自净能力,包括恢复和保持水体的生态属性,例如利用竖向和水闸等保持水体流动和高低水位周期性变化以及滞洪过程;恢复和保持现有池塘、河道水陆边界的生态属性,例如滨水岸线处理、护岸以及滨水植被等;加强池塘水质的生态修复;完善西溪水生和陆生植被等(图 6-20)。再次是严格控制区域内使水体恶化的各种污染源,包括居民社会调控,例如降低地区居民数量、改善土地利用和农业经营方式等。最后是限制通航,严格控制机动船的数量、速度,鼓励传统的手划木船,以减少航运污染。

根据生态结构、历史保护和旅游发展的要求,西溪湿地公园被划分为 5 个功能区:湿地生态养育区、民俗文化展示区、秋雪庵湿地文化区、曲水庵湿地景观区、湿地自然景观区。从功能分区可见,西溪湿地公园内容较为广泛,涉及湿地生态、历史文化等多方面的内容,项目具有较强的综合特征。它承担着保护自然与文化遗产、进行科学研究、科普教育、发展旅游 4 大任务。西溪湿地公园建成之后,自然环境得到了极大改善,受到广大市民的热烈欢迎,游客也络绎不绝,其生态效应和社会效应是有目共睹的(图 6-21 和图 6-22)。

图 6-20　西溪湿地水生和陆生植物

图 6-21　西溪湿地内的民居

图 6-22　西溪湿地内的茶室

三、绍兴镜湖湿地规划

绍兴镜湖国家城市湿地公园是建设部指定的 9 个国家级城市湿地公园中唯一位于浙江省境内的湿地公园，总面积为 15.6 平方公里，体现了生态敏感环境在城市创造中的可行性。为绍兴打造出一张金名片。

2006年，易道负责该项目的规划实施。绍兴镜湖湿地公园与杭州西溪湿地公园较为类似，是一处传承当地古老风俗和历史文化的城市新景观。

在确定地块敏感性区域和生态系统情况（包括水文活动、地形变化、土壤条件和现有动植物品种及其生长环境与生活习性等方面）的基础之上，设计团队建立了湿地公园的总体生态框架，展示出各个生态敏感区的位置和尺度。结合生态框架，设计师进一步提出湿地公园的总体规划框架（图6-23），即旨在将其打造成为绍兴未来发展服务的绿色核心区域。规划设想将其分为栖息地和野生动植物走廊区、湿地保护区、文化生活区、湖畔商业和旅游区和湿地教育区这5个大的生态系统功能区。各个区域结合现状与发展的要求各自体现出不同的面貌。

图6-23　镜湖国家湿地公园总体规划

绍兴镜湖湿地公园在一定程度上平衡了湿地系统和公共开放空间之间的关系，进行了一定的湿地技术和景观建筑设计方面的创新，发扬了可持续发展的理念（图6-24）。

图 6-24 镜湖国家湿地公园栈道

主要参考文献

[1]丁圆.滨水景观设计[M].北京:高等教育出版社,2010.

[2]尹安石.现代城市滨水景观设计[M].北京:中国林业出版社,2010.

[3]计成.园冶注释[M].北京:中国建筑工业出版社,1988.

[4]潘谷西.中国建筑史(第五版)[M].北京:中国建筑工业出版社,2004.

[5]王向荣,林箐,等.北欧国家的现代景观[M].北京:中国建筑工业出版社,2007.

[6]俞孔坚.景观:文化、生态与感知[M].北京:科学出版社,2003.

[7]宗静.城市的蓄水囊——滞留池和储水池在美国园林设计中的应用[J].中国园林,2005.

[8]易道公司.演变·改变——易道的理想与实践[M].北京:中国建筑工业出版社,2005.

[9]张谊.论城市水景的生态驳岸处理[J].中国园林,2003.

[10]张庭伟,等.城市滨水区设计与开发[M].上海:同济大学出版社,2002.

[11]中国勘察设计协会园林设计分会编.风景园林设计资料集——园林植物种植设计[M].北京:中国建筑工业出版社,1999.

[12]车生泉.城市绿地景观结构分析与生态规划[M].南京:东南大学出版社,2003.

[13]广州市城市规划局.滨水地区城市设计[M].北京:中国建筑工业出版社,2003.

[14]广州市城市规划局.滨水地区城市设计[M].北京:中国建筑

工业出版社,2001.
[15]邓毅.城市生态公园规划设计方法[M].北京:中国建筑工业出版社,2007.
[16]刘滨谊,等.城市滨水区景观规划设计[M].南京:东南大学出版社,2006.
[17]国家林业局,易道环境规划设计有限公司编.湿地恢复手册:原则、技术与案例分析[M].北京:中国建筑工业出版社,2006.
[18]俞孔坚,李迪华主编.景观设计:专业学科与教育[M].北京:中国建筑工业出版社,2003.
[19]吴家骅,叶南译.景观形态学[M].北京:中国建筑工业出版社,2003.
[20]吴家骅.环境设计史纲[M].重庆:重庆大学出版社,2002.
[21]林玉莲,胡正凡.环境心理学[M].北京:中国建筑工业出版社,2000.
[22]刘滨谊.现代景观规划设计[M].南京:东南大学出版社,1999.
[23]杨永胜,金涛.现代城市景观设计与营建技术[M].北京:中国城市出版社,2002.
[24]王向荣,林箐.西方现代景观设计的理论与实践[M].北京:中国建筑工业出版社,2002.
[25]于正伦.城市环境创造——景观与环境设施设计[M].天津:天津大学出版社,1999.
[26]杨赉丽.城市园林绿地规划[M].北京:中国林业出版社,1999.
[27]夏建统.对岸的风景——美国现代园林艺术[M].昆明:云南大学出版社,2001.
[28]王浩,谷康,孙新旺,陈蓉,朱晓雯.城市道路绿地景观规划[M].南京:东南大学出版社,2005.